Minhocas

FÓSFORO

CHARLES DARWIN

A formação da terra vegetal pela ação das minhocas, com observações sobre seus hábitos

Tradução do inglês por
SOFIA NESTROVSKI

Posfácio por
REINALDO JOSÉ LOPES

7 INTRODUÇÃO

12 Os hábitos das minhocas
42 Os hábitos das minhocas — *continuação*
90 A quantidade de terra fina levada pelas minhocas à superfície
119 O papel exercido pelas minhocas no soterramento de antigas construções
156 A ação das minhocas na desnudação do solo
173 A desnudação do solo — *continuação*

202 CONCLUSÃO

POSFÁCIO
208 Darwin no papel de ecológo-etólogo
Reinaldo José Lopes

215 NOTAS
223 ÍNDICE REMISSIVO

Introdução

O papel exercido pelas minhocas na formação da camada de terra vegetal, que recobre a superfície terrestre em qualquer país moderadamente úmido, é o tema deste volume. Essa terra costuma ser de uma cor quase preta e ter a espessura de alguns poucos centímetros. Em distritos diferentes, sua aparência muda pouco, embora haja diversos tipos de solo subjacentes a ela. A finura uniforme das partículas que a compõem é uma de suas principais características e pode facilmente ser observada, seja em algum terreno cascalhoso, seja num campo recém-arado contíguo a outro campo para pasto que há muito não se lavra, seja em lugares onde a terra vegetal fica exposta nas laterais de alguma vala ou buraco. O tema pode parecer insignificante, mas veremos que provoca certo interesse; além disso, a máxima "*de minimis lex non curat*" [a lei não se ocupa de ninharias] não se aplica à ciência. Até mesmo Élie de Beaumont, que tende a subestimar os pequenos agentes e seus efeitos cumulativos, diz "*la couche très-mince de la terre végétale est un monument d'une haute antiquité, et, par le fait de sa permanence, un objet digne d'occuper le géologue, et capable de lui fournir des remarques intéressantes*" [a camada muito fina de terra vegetal é um monumento extremamente antigo e, dada a sua permanência, é um objeto digno de ocupar o geólogo e capaz de fornecer-lhe observações interessantes].[1] Embora a existência de uma camada superficial de terra vegetal seja certamente muito antiga, a sua permanência é sustentada por partículas que, como veremos em seguida, no mais das vezes são retiradas num ritmo considerável e substituídas por outras devido à desintegração dos materiais subjacentes.

Durante muitos meses fui instigado a manter em meu escritório vasos cheios de terra com minhocas. Assim, logo me vi interessado por elas e desejei saber até que ponto agem conscientemente, e quanta capacidade mental exibem ter. Minha vontade de aprender algo a esse respeito foi ainda maior por causa da raridade das observações já feitas, até onde sei, sobre animais num patamar tão baixo na escala da organização e dotados de parcos órgãos sensoriais, como são as minhocas.

No ano de 1837, um breve artigo meu intitulado "Sobre a formação da terra" foi lido na Sociedade Geológica de Londres,[2] e nele eu expus como pequenos fragmentos de marga, cinzas etc. que haviam sido generosamente espalhados pela superfície de diversos campos foram encontrados poucos anos mais tarde alguns centímetros abaixo do gramado, mas ainda compondo uma só camada. Essa aparente submersão de corpos da superfície se deve, como primeiro me sugeriu o sr. Wedgwood, de Maer Hall, em Staffordshire, à grande quantidade de terra fina constantemente trazida à superfície pelas minhocas na forma de dejetos. Esses dejetos são cedo ou tarde espalhados até cobrir qualquer objeto que esteja na superfície. Fui assim levado a concluir que toda a terra vegetal que existe no país atravessou muitas vezes, e seguirá atravessando muitas vezes, o canal intestinal das minhocas. Portanto, o termo "terra animal" seria, em algum nível, mais apropriado que o termo normalmente usado, "terra vegetal".

Dez anos depois da publicação de meu artigo, M. D'Archiac, claramente influenciado pelas doutrinas de Élie de Beaumont, escreveu a respeito da minha "*singulière théorie*" [teoria singular], dizendo que ela só poderia ser aplicada a "*les prairies basses et humides*" [os campos baixos e úmidos]; e que "*les terres labourées, les bois, les prairies élevées, n'apportent aucune preuve à l'appui de cette manière de voir*" [as terras lavradas, os bosques, os prados elevados não acrescentam prova nenhuma que corrobore essa visão].[3] Mas o argumento de M. D'Archiac deve ter vindo de sua intuição pessoal, e não de sua observação, pois as minhocas são extraordinariamente abundantes em hortas caseiras, onde a terra é constantemente trabalhada — embora nessas terras pouco compactadas elas não costumem deixar dejetos na superfície, mas sim em qualquer cavidade aberta, ou dentro de suas galerias subterrâneas mais antigas. Victor Hensen calcula que, nos jardins, há cerca de duas vezes mais minhocas do que nas plantações de grãos.[4] Quanto aos "*prairies élevées*", não sei dizer como são na França, mas em lugar nenhum na Inglaterra pude observar tantos dejetos de minhocas como nos campos abertos, a uma altitude de algumas centenas de metros acima do nível do mar. Nos bosques, por sua vez, se forem retiradas as folhas caídas no outono, toda a superfície se mostrará coberta de dejetos. O dr. King, superintendente do Jardim Botânico de Calcutá, a quem sou grato pela gentileza de suas muitas observações sobre minhocas, diz-me que numa região próxima a Nancy, na França, vários acres de florestas estatais tinham o solo recoberto por uma camada esponjosa composta de folhas mortas e incontáveis dejetos de minhocas. Lá, ele escutou o professor de *aménagement des forêts* [gestão florestal], em conferência com seus alunos, afirmar que se tratava de "um belo exemplo do cultivo natural do solo; ano após ano, os dejetos expelidos cobrem as folhas mortas; o resultado é de um humo nutritivo, de grande espessura".

No ano de 1869, o sr. Fish[5] rejeitou minhas conclusões quanto ao papel das minhocas na formação da terra vegetal com base apenas na pressuposição de que elas seriam incapazes de realizar trabalho tão grande. Ele nota que "levando em consideração a débil força das minhocas e sua pequena estatura, o trabalho que se desenha para elas é colossal". Aqui vemos um exemplo da falta de capacidade de somar os efeitos de uma causa contínua e recorrente, algo que tem muitas vezes atrasado o progresso da ciência, como ocorreu outrora em relação à geologia* e, mais recentemente, em relação ao princípio da evolução.**

Embora essas objeções diversas me parecessem irrisórias, decidi fazer outras observações da mesma ordem das que havia publicado e atacar o problema por outro lado; ou seja, decidi pesar todos os dejetos expelidos em certo período de tempo e num espaço demarcado, em vez de medir o ritmo com que as minhocas soterravam objetos deixados na superfície. Entretanto, algumas das minhas observações tornaram-se quase

---

* Darwin se refere à disputa entre os geólogos catastrofistas e os uniformitaristas. Os primeiros acreditavam que a superfície do planeta havia sido modelada através de grandes catástrofes que ocorreram num passado muito remoto (como os descritos nas catástrofes bíblicas) e que, depois desses eventos, a Terra teria entrado num período de razoável estabilidade; já os uniformitaristas (o geólogo Charles Lyell, de enorme influência para Darwin, seguia essa linha de pensamento) julgavam que a Terra atravessa mudanças contínuas porém de menor escala (como um terremoto ou uma erupção vulcânica), e que seriam esses acontecimentos, que se dão constantemente desde o mais remoto "tempo profundo", os responsáveis pelas características geológicas do planeta, que segue em transformação. (Todas as notas de rodapé são da tradução. As notas numeradas, do original de Charles Darwin, estão no fim do livro, a partir da p. 215.)

** A teoria da seleção natural, proposta por Darwin, baseia-se no modelo de pensamento uniformitarista para entender as diferenças entre as espécies. Darwin afirma que, se a escala de tempo for grande o bastante, não importa o quanto a variação seja pequena, ela poderá acarretar mudanças imensas para as espécies.

supérfluas por causa de um artigo notável de Victor Hensen, já mencionado, que foi publicado em 1877. Antes de me demorar em mais detalhes concernentes ao tema dos dejetos, é recomendável oferecer descrições dos hábitos das minhocas a partir de observações feitas por outros naturalistas, e também por mim.

Os hábitos das minhocas

A natureza dos locais habitados: Podem viver por muito tempo embaixo d'água — Noturnas — Passeiam à noite — Frequentemente permanecem próximas à entrada de suas galerias subterrâneas e são, assim, apanhadas em grande quantidade por aves. / Estrutura: Não possuem olhos, mas podem distinguir entre luz e escuridão — Recuam com rapidez quando fortemente iluminadas, não por reflexo — Capacidade de atenção — Sensíveis ao calor e ao frio — Completamente surdas — Sensíveis a vibrações e ao toque — Sentido olfativo débil — O sentido gustativo — Qualidades mentais. / A natureza do alimento: Onívoras — Digestão — Antes de serem engolidas, as folhas são umedecidas com um fluido característico da secreção pancreática — Digestão extraestomacal — Glândulas calcíferas, estrutura — Calcificações formadas no par anterior de glândulas — A matéria calcária é primariamente uma excreção, mas serve em segundo lugar para neutralizar os ácidos gerados durante o processo digestivo

As minhocas terrestres estão distribuídas pelo planeta sob a forma de alguns gêneros de aparência bastante semelhantes. A espécie britânica *Lumbricus terrestris* ainda não foi estudada detidamente; mas podemos estimar sua população pelas que habitam os países vizinhos. Na Escandinávia, existem oito espécies, segundo Eisen;[1] mas duas dessas raramente vivem sob a terra, e uma habita terrenos encharcados, ou vive até mesmo na água. Nosso objetivo aqui é tratar unicamente das minhocas que revolvem a terra e a trazem à superfície sob a forma de dejetos. Hoffmeister afirma que as espécies da Alemanha não são muito conhecidas, mas oferece o mesmo número que Eisen, além de algumas variedades bem caracterizadas.[2]

As minhocas terrestres são abundantes na Inglaterra, em locais muito diversos. Seus dejetos podem ser encontrados em quantidades extraordinárias nos campos abertos e nos morros de giz, onde cobrem praticamente toda a sua superfície, pobre em nutrientes e de vegetação curta e escassa. Mas elas estão presentes quase na mesma quantidade em alguns dos parques londrinos, nos quais a grama é vigorosa e o solo aparenta ser rico. A população de minhocas pode inclusive variar de uma parte a outra de um mesmo terreno sem que haja qualquer diferença visível quanto à natureza do solo. São numerosas em pátios pavimentados, próximos a casas; e será fornecido neste livro o exemplo de minhocas que atravessaram o chão de um porão muito úmido. Já as vi na turfa negra de terrenos alagadiços; mas são extremamente raras ou quase ausentes na turfa marrom, fibrosa e mais ressecada, tão valorizada por jardineiros. Em trilhas secas, de areia ou cascalho, onde não cresce nada além de urze, carqueja, samambaias, alpiste, musgo ou líquen, quase não há minhocas. Mas em muitas partes da Inglaterra, onde quer que haja uma trilha atravessando um urzal, a superfície desta acaba sendo coberta por uma relva fina e curta. Se essa mudança na vegetação ocorre porque as plantas mais altas são pisoteadas e mortas por eventuais pedestres e animais, ou se é o solo que ocasionalmente é adubado pelos excrementos de animais, não sei dizer.[3] Nessas trilhas, é comum encontrar dejetos de minhocas. Num urzal em Surrey, que foi cuidadosamente examinado, havia apenas alguns dejetos nas trilhas, nos pontos de maior declive. Já nas partes planas, polvilhadas pela terra fina que cai das partes mais elevadas, formando um leito da espessura de alguns centímetros, os dejetos eram abundantes. Esses locais pareciam ter minhocas em excesso, de modo que elas foram obrigadas a se espalhar para além das trilhas na grama, e ali seus dejetos são encontrados em meio ao urzal, no raio de alguns metros. Mas além desse limite não foi possível encontrar dejeto nenhum. Uma camada, ainda que mínima, de terra fina, que provavelmente conserve a umidade por bastante tempo, se faz necessária para a existência das minhocas. E a mera compressão do solo parece ser em algum grau favorável a elas, pois costumam ser frequentes em trilhas antigas de cascalho ou em caminhos que atravessam os campos.

Sob árvores grandes, dependendo da época do ano, são encontrados poucos dejetos. E isso provavelmente se deve ao fato de que a umidade do chão é absorvida pelas inúmeras raízes; afinal, após as chuvas fortes de outono, esses locais costumam ficar cobertos por dejetos de minhocas. Ainda que a maioria das florestas e talhadias sustente a presença de muitas minhocas, em Knole Park há uma floresta de faias altas e antigas sob as quais não vive nenhuma outra vegetação, e lá não havia um único dejeto por uma longa extensão de terra, inclusive no outono. Não obstante, os dejetos eram abundantes nas clareiras recobertas de grama e em aberturas nos limites da floresta. Informam-me que, nas montanhas do norte do País de Gales e também nos Alpes, as minhocas são raras na maior parte dos lugares; e isso talvez se deva à proximidade com as rochas subjacentes, nas quais é impossível para elas construir galerias subterrâneas para se proteger no inverno e escapar do congelamento. O dr. McIntosh, no entanto, descobriu dejetos de minhocas numa altitude de 457 m, no monte Schiehallion, na Escócia. Eles são numerosos em algumas colinas próximas a Turin, que ficam de 609 m a 914 m acima do nível do mar, e também em grandes altitudes nos montes Nilguiri, no sul da Índia, e no Himalaia.

As minhocas devem ser consideradas animais terrestres, embora ainda sejam, em algum sentido, semiaquáticas, como os outros membros da mesma grande classe dos anelídeos à qual pertencem. O sr. Perrier descobriu que elas não sobrevivem se expostas ao ar seco de um aposento durante uma única noite. Por outro lado, ele manteve várias minhocas robustas vivendo completamente submersas na água durante quase quatro meses.[4] No verão, quando a terra está seca, elas penetram o solo até uma profundidade notável e então cessam os trabalhos, como também fazem no inverno quando a terra congela. As minhocas têm hábitos noturnos, e à noite muitas delas podem ser vistas rastejando, embora costumem manter o rabo dentro das galerias subterrâneas. Ao expandirem essa parte do corpo, e com a ajuda das pequenas cerdas levemente reflexas de que são dotadas, elas se prendem com tamanha força que dificilmente podem ser arrancadas do solo sem serem despedaçadas.[5] De dia, permanecem em suas galerias, exceto nas fases de acasalamento, quando os exemplares que habitam galerias vizinhas expõem boa parte de si mesmos, durante uma ou duas horas, cedo pela manhã. Os indivíduos adoecidos, geralmente afetados pela larva parasítica de uma mosca, também são uma exceção, e vagueiam pela superfície o dia todo, até morrer. Quando caem chuvas fortes após um período de seca, uma quantidade surpreendente de minhocas mortas pode ser encontrada na superfície. O sr. Galton me informa que, num desses casos, numa trilha no Hyde Park de quatro passadas de largura, encontrou (março, 1881) em média uma minhoca morta a cada dois passos e meio. Após dezesseis passos, ele contou nada menos que 45 minhocas mortas. Considerados os fatos já mencionados, parece improvável que essas minhocas tenham se afogado, mas, se esse fosse o caso, teriam perecido dentro das galerias. Acredito que já estivessem doentes desde antes e que a morte foi apenas ligeiramente apressada pela inundação da terra.

Muitas vezes já se afirmou que, sob circunstâncias normais, as minhocas nunca, ou apenas raríssimas vezes, deixam suas galerias à noite; isso é um erro, como Gilbert White,* de Selborne, há muito tempo sabia. Pelas manhãs, após noites de muita chuva, a camada de lama ou de areia finíssima que recobre as passagens de cascalho se encontra visivelmente marcada por rastros de minhocas. É algo que pude notar entre o início de

---

* Naturalista e reverendo britânico (1720-1793). Seu livro *Natural History and Antiquities of Selborne*, publicado em 1789, é até hoje popular na Inglaterra pela sutileza de sua escrita e por ele ser considerado um dos primeiros autores com uma visão ecológica da natureza. Darwin o mencionou como um dos autores que mais o influenciou na juventude, páreo apenas para Alexander von Humboldt (1769-1859). Em sua biblioteca, Darwin tinha duas edições de *Natural History* (1825, 1843), ambas com anotações a lápis nas margens. Sobre as minhocas, White as menciona apenas duas vezes no livro, e de passagem. Mas, numa carta de 1789, escreveu: "Embora as minhocas sejam aparentemente pequenas e irrisórias na cadeia da natureza, se desaparecessem, abrir-se-ia um abismo lamentável. [...] as minhocas parecem ser grandes fomentadoras da vegetação, que cresceria debilitada sem elas. As minhocas cavam, perfuram e descompactam o solo, tornando-o permeável às chuvas e às fibras das plantas; elas arrastam palha, talos de folhas e galhos para dentro dele; e, acima de tudo, expelem uma quantidade infinita de pequenos amontoados de terra que são chamados de dejetos, mas que, sendo o excremento delas, constituem um perfeito estrume para os grãos e a grama. É provável que as minhocas forneçam um solo novo para os montes e declives onde a água da chuva arrasta consigo a terra, afetando de tal modo os declives que é possível que previnam inundações. [...] Uma monografia bem-feita sobre as minhocas poderia oferecer, de uma só vez, muitas informações e muito entretenimento, e abriria um campo novo e amplo para a história natural". (Carta xxxv a Barrington, 1789.)

agosto e o fim de maio, e que provavelmente ocorre também nos meses restantes do ano, quando chove. Nessas ocasiões, pouquíssimas minhocas mortas podem ser encontradas. No dia 31 de janeiro de 1881, após muita neve e uma geada excepcionalmente severa e duradoura, assim que o gelo começou a derreter apareceram inúmeros rastros de minhocas nas trilhas. Numa ocasião, cinco rastros diferentes podiam ser contados num espaço de apenas 2,5 cm³. Nas passagens de cascalho, às vezes era possível ver rastros que, vindos da entrada de suas galerias ou voltando para elas, recobriam distâncias de 1,8 m, 2,7 m ou até 13,7 m. Jamais descobri mais de um rastro levando à mesma galeria; tampouco seria provável, a julgar pelo que em breve veremos a respeito de seus órgãos de percepção, que uma minhoca fosse capaz de encontrar o caminho de volta à galeria após ter partido. Aparentemente, elas deixam as galerias em viagens de exploração, e assim encontram novos locais para habitar.

Morren afirma[6] que as minhocas ficam imóveis por horas, perto da entrada de suas galerias. Algumas vezes eu mesmo pude observar esse fato com as minhocas mantidas em vasos em minha casa, de modo que, ao olhar para dentro das galerias, era possível ver uma pequena parte de suas cabeças. Se a terra, isto é, se o material expelido para fora das galerias for retirado repentinamente, a extremidade do corpo das minhocas poderá ser vista antes que elas se retirem apressadas. Esse hábito de permanecerem próximas à superfície as leva à própria destruição com enorme frequência. Em certas estações do ano, os tordos e os melros aparecem de manhã nos gramados de toda a Inglaterra para arrancar do solo uma quantidade espantosa de minhocas; coisa que não aconteceria se elas não permanecessem tão coladas à superfície. É improvável que o façam para respirar o ar fresco, pois, como vimos, são capazes de viver por muito tempo embaixo d'água. Acredito que vivam perto da superfície em razão do calor, sobretudo pelas manhãs. Veremos, em seguida, que elas costumam cobrir a entrada das galerias com folhas, de modo a aparentemente evitar o contato de seu corpo com a terra fria e úmida. Conta-se que fecham completamente a entrada das galerias no inverno.

ESTRUTURA

Alguns comentários sobre esse tema devem ser feitos. O corpo de uma minhoca grande consiste em cem ou duzentos anéis cilíndricos, ou segmentos, cada um guarnecido de cerdas diminutas. O sistema muscular é bem desenvolvido. As minhocas podem rastejar para a frente e também para trás, e, com o auxílio do rabo, podem recuar para dentro da galeria com rapidez extraordinária. A boca é localizada na parte anterior e é provida de uma pequena projeção (lóbulo, ou lábio, como já foi chamada), que serve para agarrar. No fundo da boca, do lado interno, a minhoca possui uma faringe potente, como se pode ver no diagrama a seguir (fig. 1), que é empurrada para a frente quando o animal se alimenta e que corresponde, segundo Perrier, ao tronco projetável, ou probóscide, de outros anelídeos. A faringe se conecta ao esôfago, que tem, dos dois lados da parte inferior, três pares de glândulas de tamanho notável, que secretam uma quantidade surpreendente de carbonato de cálcio. Essas glândulas calcíferas são realmente impressionantes, pois não se conhece nada semelhante em qualquer outro animal. Seu uso será discutido quando passarmos ao processo digestório. Na maioria das espécies, o esôfago se alarga num papo ligado à moela. Esta última é revestida por uma membrana quitinosa lisa e grossa, rodeada de músculos longitudinais fracos e músculos transversais pode-

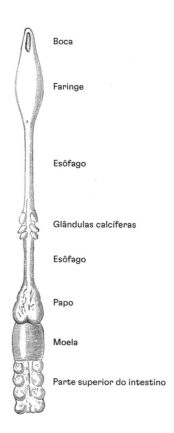

Figura 1. Diagrama do canal alimentar de uma minhoca terrestre (*Lumbricus terrestris*). Copiado de Ray Lankester, *Quarterly Journal of Microscopic Society*, v. xv, N.S., prancha vii.

rosos. Perrier observou esses músculos se moverem energicamente; e, segundo ele, a trituração do alimento deve ser realizada principalmente por esse órgão, pois as minhocas não possuem mandíbula nem qualquer tipo de dente. Grãos de areia e pedregulhos de 1,5 mm a pouco mais de 2,5 mm costumam ser encontrados em sua moela ou seu intestino. Também é certo que as minhocas engolem outras pequenas pedras, além das que são engolidas enquanto cavam suas galerias, e elas provavelmente servem para triturar o alimento, como as pedras de um moinho. A moela se abre para o intestino, que atravessa o corpo da minhoca em linha reta até o orifício da extremidade posterior. O intestino apresenta uma estrutura notável, o tiflóssole, ou, como os antigos anatomistas diziam, um intestino dentro do intestino. Claparède mostrou[7] como ele consiste numa invaginação longitudinal das paredes do intestino, por meio da qual a minhoca ganha uma superfície absorvente extensa.

Seu sistema circulatório é bem desenvolvido. As minhocas respiram pela pele, já que não possuem órgãos respiratórios específicos. Os dois sexos constam num só indivíduo, mas os indivíduos se acasalam em pares. O sistema nervoso é razoavelmente bem desenvolvido; e os dois gânglios cerebrais, que são praticamente amalgamados, ficam muito próximos à parte anterior do corpo.

SENTIDOS

As minhocas são desprovidas de olhos, e num primeiro momento acreditei que fossem completamente insensíveis à luz; pois aquelas mantidas em cativeiro foram observadas repetidas vezes com a ajuda de uma vela, e outras mantidas fora de casa, com uma lanterna, mas raramente se alarmaram, embora sejam animais extremamente tímidos. Outras pessoas,[8] providas dos mesmos instrumentos, não encontraram dificuldade nenhuma em observar minhocas à noite.

No entanto, Hoffmeister afirma[9] que as minhocas, com a exceção de alguns indivíduos, são extremamente sensíveis à luz; mas confessa que, na maioria dos casos, é preciso certo tempo para produzir essa reação. Essas afirmações me levaram a passar muitas noites sucessivas observando as minhocas mantidas em vasos, que estavam protegidos das correntes de ar por placas de vidro. Aproximei-me dos vasos com muita delicadeza, para não provocar vibrações no chão. Quando, nessas circunstâncias, as minhocas foram iluminadas por uma lanterna furta-fogo com vidros vermelhos e azuis acoplados que tapavam a luz de tal maneira que era difícil encontrá-las, elas não foram afetadas por essa quantidade de luz, independentemente do tempo de exposição. Era uma luz, até onde pude julgar, mais forte que a da lua cheia. Sua cor parece não ter provocado diferenças no resultado. Ao serem iluminadas por uma vela, ou até mesmo por um lampião, elas tampouco foram afetadas no primeiro momento. O mesmo vale para quando a luz era acesa e apagada alternadamente. Algumas vezes, porém, elas se comportaram de maneira muito diferente, pois, assim que iluminadas, escaparam para dentro de suas galerias com uma velocidade quase instantânea. Foi o que ocorreu talvez uma vez dentre doze. Quando acontecia de não se retirarem imediatamente, elas muitas vezes sacavam da terra a extremidade afunilada do corpo, como se algo lhes tivesse capturado a atenção, ou as surpreendesse; ou, senão, mexiam o corpo de um lado para o outro, como se tateassem em busca de algum objeto. Pareciam estar incomodadas com a luz; mas duvido que fosse isso, porque em duas ocasiões, após se retirarem lentamente, elas permaneceram muito tempo na entrada das galerias, com as extremidades anteriores levemente projetadas para fora, de modo que estariam prontas para um recuo completo e imediato.

Quando a luz de uma vela era concentrada por uma grande lente na extremidade anterior, elas, de modo geral, retiravam-se na hora; a luz concentrada só não provocou esse efeito em, talvez, uma tentativa de um total de doze. Numa ocasião, a luz foi concentrada sobre uma minhoca dentro de um pires com água, e ela imediatamente se retirou para dentro da galeria. Em quase todos os casos, o tempo de iluminação, com a exceção de quando a luz era muito fraca, provocava grande diferença no resultado final; pois as minhocas que eram expostas à luz de um lampião ou de uma vela invariavelmente se retiravam para dentro das galerias passados de cinco a quinze minutos. E à noite, se por acaso os vasos fossem iluminados antes que elas deixassem as galerias, elas desistiam completamente de sair.

Com base nos fatos mencionados, fica evidente que a luz afeta as minhocas pela intensidade e pela duração. Apenas a extremidade anterior de seu corpo, onde se encontram os gânglios cerebrais, é afetada pela luz, como afirma Hoffmeister e como pude observar em diversas ocasiões. Se essa extremidade permanecer na sombra, as outras partes do corpo podem ser totalmente iluminadas sem que isso provoque nenhum efeito. Como esses animais não têm olhos, devemos supor que a luz atravessa a sua pele e, de alguma maneira, estimula os gânglios cerebrais. De início, pareceu provável que as diferentes maneiras pelas quais se deixavam afetar dependiam de quanto sua pele estava esticada e, portanto, de qual o seu grau de transparência; ou, senão, da incidência particular daquela luz; mas eu não consegui descobrir nenhuma relação desse tipo. Uma coisa era clara: enquanto as minhocas se ocupavam de comer folhas ou de arrastá-las para dentro de sua toca, e até mesmo durante os curtos intervalos de descanso do trabalho, elas não percebiam a luz, ou não se importavam com ela. E isso se deu, inclusive, quando uma luz foi concentrada sobre elas através de uma grande lente. Assim, também quando elas se acasalam permanecem do lado de fora das galerias por uma ou duas horas, completamente expostas à luz da manhã; mas, segundo Hoffmeister, é possível ver que em alguns casos a luz pode levar o par que acasala à separação.

Quando iluminamos uma minhoca subitamente e ela foge como um coelho para dentro da toca — para usar a expressão empregada por um amigo —, somos primeiro levados a interpretar essa ação como um reflexo. A irritação dos gânglios cerebrais parece provocar a contração inevitável de certos músculos, independentemente da vontade ou da consciência do animal, como se ele fosse um autômato. Mas os efeitos provocados pela luz em ocasiões diferentes — e sobretudo o fato de que uma minhoca, quando ocupada com qualquer tipo de tarefa e também nos intervalos dessa tarefa, quaisquer que sejam os músculos ou gânglios que esteja utilizando, costuma ser indiferente à luz — opõem-se à visão de que a fuga repentina seja um simples reflexo. No caso dos animais superiores, quando estão compenetrados em algo a ponto de desconsiderar os efeitos que outros objetos produzem sobre eles, dizemos que estão absortos; o que pressupõe que exista neles uma mente. Todo caçador sabe que pode se aproximar com muito mais facilidade de um animal enquanto ele estiver pastando, brigando ou fazendo a corte. Também nos animais superiores o estado do sistema nervoso varia bastante de acordo com a situação. Um cavalo, por exemplo, pode se assustar em certas ocasiões, e em outras, não. Pode parecer exagero sugerir uma comparação como essa, entre as ações de um animal superior e as de um animal tão inferior como a minhoca, pois assim atribuímos à minhoca certa capacidade mental e de atenção. No entanto, não vejo por que duvidar da razoabilidade da comparação.

Não se pode dizer que as minhocas possuem a capacidade de visão. A sensibilidade à luz lhes permite diferenciar a noite do dia; e graças a isso elas escapam dos riscos extremos de depararem com os diversos animais diurnos que se alimentam delas. O recuo para dentro das galerias subterrâneas durante o dia parece ter se tornado, para elas, uma ação habitual. Pois minhocas mantidas em vasos cobertos com placas de vidro — e, em cima das placas, papel preto — que foram colocadas diante de uma janela voltada para o nordeste resguardavam-se nas galerias durante o dia, e saíam todas as noites. Assim fizeram por uma semana. Sem dúvida, alguma luz pode ter penetrado entre as placas de vidro e o papel preto; mas, graças aos experimentos com vidro colorido, sabemos que as minhocas são indiferentes a intensidades fracas de luz.

As minhocas parecem ser menos sensíveis a um calor irradiante moderado do que a uma luz forte. É o que julgo após ter segurado diante de algumas delas um atiçador que fora aquecido até ficar quase em brasa, a uma distância que provocou na minha mão um calor inegável. Uma delas o notou; a segunda se retirou para dentro da galeria, mas sem pressa; a terceira e a quarta o fizeram com muito mais pressa e a quinta retirou-se o mais rápido que pôde. A luz de uma vela, concentrada por uma lente e filtrada por uma placa de vidro que intercepta as incidências mais fortes de calor, tende a provocar uma retirada muito mais urgente. As minhocas são sensíveis a temperaturas baixas, como se pode inferir pelo fato de não saírem das galerias quando há geadas.

As minhocas são desprovidas de qualquer sentido auditivo. Nada perceberam das notas estridentes de um apito de metal que foi soado repetidas vezes em sua proximidade. Tampouco notaram as notas mais graves nem as mais agudas de um fagote. Mostraram-se indiferentes a gritos, desde que se tomasse o cuidado de que não fossem atingidas pela expiração do ar. Quando colocadas numa mesa junto às teclas de um piano tocado o mais forte possível, elas se mantiveram perfeitamente quietas.

Embora se mostrem indiferentes às ondulações no ar, que nós escutamos, as minhocas são extremamente sensíveis a vibrações em qualquer objeto sólido. Quando os vasos com duas minhocas que haviam sido completamente insensíveis ao som do piano foram colocados sobre o instrumento e, em seguida, tocou-se a nota dó na clave de fá (dó grave), ambas recuaram imediatamente para dentro das galerias. Algum tempo depois, as duas emergiram, e quando a nota sol acima da linha da clave de sol foi tocada (sol aguda) elas mais uma vez se retiraram. Em outra noite, sob circunstâncias semelhantes, uma minhoca se precipitou para dentro da galeria quando uma nota muito aguda foi tocada uma só vez, e outra quando foi tocada a nota dó na clave de sol (dó muito aguda). Nessas ocasiões, as minhocas não estavam encostadas nas laterais dos vasos, que se encontravam em cima de pratos, de modo que, antes de atingir o corpo delas, a vibração precisou passar pela tábua harmônica do piano, o prato, a base do vaso e a terra úmida e não muito compactada na qual estavam, com o rabo dentro da galeria. Elas muitas vezes se mostraram sensíveis quando por acidente o vaso em que viviam, ou a mesa sob o vaso, foi levemente atingido; mas pareceram menos sensíveis a essas trepidações do que às vibrações do piano, embora a sensibilidade às trepidações tenha variado bastante em diferentes momentos. É comum que se diga que, quando pisamos com força no chão ou nele provocamos qualquer outro tremor, isso faz as minhocas acreditarem que estão sendo perseguidas por uma toupeira, e então elas abandonam as galerias. Em muitos lugares onde as minhocas são abundantes, pisoteei a terra com força, mas nenhuma delas apareceu. No entanto, toda vez que o solo no qual uma minhoca vive é cavado ou revolvido de modo violento por uma forquilha, a minhoca tende a se apressar a deixar a galeria.

O corpo todo da minhoca é sensível ao toque. Assoprá-la suavemente a faz recuar no mesmo instante. As placas de vidro que foram postas sobre os vasos não se encaixavam perfeitamente, deixando pequenas frestas pelas quais se podia soprar.

Só isso já era muitas vezes suficiente para provocar nas minhocas um recuo apressado. Elas às vezes percebiam os redemoinhos no ar causados pela retirada súbita dos vidros. Assim que as minhocas deixam a galeria, costumam estender a extremidade anterior do corpo e movê-la de um lado a outro em todas as direções, parecendo utilizá-la como um órgão de tato; e há alguma razão para crer, como bem veremos no próximo capítulo, que elas assim atinam com uma noção geral da forma de um objeto. De todos os seus sentidos, é o tato, inclusive na forma de percepção de vibrações, que parece ser o mais desenvolvido.

O olfato das minhocas é débil e se restringe, aparentemente, à percepção de alguns odores. Mostraram-se bastante indiferentes ao meu hálito, desde que eu respirasse sobre elas com suavidade. Esse experimento foi feito porque parecia ser plausível que elas se servissem do sopro como aviso da aproximação de um inimigo. Elas exibiram a mesma indiferença ao meu hálito quando masquei um pouco de tabaco, bem como quando mantive na boca um algodão embebido em algumas gotas de perfume de *mille-fleurs* ou de ácido acético. Bolas de algodão encharcadas de tabaco líquido, de perfume de *mille-fleurs* ou de parafina foram erguidas e sacudidas com pinças a 5 cm ou 7 cm das minhocas, mas elas nada notaram. Numa ou outra ocasião, no entanto, as minhocas pareceram incomodadas quando os algodões traziam ácido acético, mas isso provavelmente se deveu a uma irritação na pele. De nada serviria que as minhocas fossem capazes de perceber odores tão excepcionais; e posto que são criaturas tímidas, elas muito provavelmente exibiriam reações a qualquer nova impressão. Podemos então concluir que não perceberam esses cheiros.

O resultado foi outro quando se empregaram folhas de repolho e pedaços de cebola, que são devorados com muito gosto pelas minhocas. Pequenos pedaços quadrados de bulbos de cebola e de folhas de repolho frescas e semidecompostas foram enterrados em meus vasos em nove ocasiões, sob mais ou menos 60 mm de terra comum de jardinagem; e as minhocas descobriram os pedaços em todas as ocasiões. Um pedaço de repolho foi descoberto e retirado pelas minhocas no curso de duas horas; outros três, na manhã seguinte, ou seja, no decorrer de uma só noite; dois outros, após duas noites; e o sétimo pedaço levou três noites. Dois pedaços de cebola foram descobertos e retirados após três noites. Pedaços de carne fresca e crua, que são do agrado das minhocas, foram enterrados e, no decorrer de 48 horas, não foram descobertos e apodreceram. No mais das vezes, pressionou-se a terra sobre os diversos objetos apenas levemente, para que não se impedisse a emissão de qualquer odor. Em duas ocasiões, no entanto, a superfície havia sido bem regada e encontrava-se, assim, um tanto compactada. Tendo removido os pedaços de repolho e cebola, observei o local onde estavam para ver se as minhocas poderiam ter subido até ali acidentalmente, mas não notei qualquer indício de que houvesse galerias na terra; e nas duas vezes em que os objetos enterrados foram posicionados sobre pedaços de papel-alumínio, as minhocas não mexeram neles. Quando elas se moviam pela superfície da terra com o rabo ainda preso dentro das galerias, é sem dúvida possível que, com a cabeça, cutucassem os lugares onde os objetos mencionados foram enterrados; mas eu jamais vi minhoca nenhuma comportar-se dessa maneira. Duas vezes, enterramos pedaços de cebola e folhas de repolho sob uma areia ferruginosa muito fina, que foi levemente pressionada e regada em abundância, de modo a ser bastante compactada, e então esses pedaços não foram encontrados. Numa terceira ocasião, utilizamos o mesmo tipo de areia, mas sem a pressionar nem a regar, e os pedaços de repolho foram encontrados e retirados pelas minhocas após a segunda noite. Os fatos elencados indicam que as minhocas são dotadas de alguma capacidade olfativa; e é por esse meio que elas descobrem alimentos aromáticos e muito desejados.

Pode-se supor que todos os animais que se alimentam de substâncias variadas são dotados de paladar, e certamente é esse o caso das minhocas. Elas gostam muito de repolho; parecem capazes de discernir entre as diferentes variedades. Mas isso pode se dever às variações de textura entre uma e outra. Em onze ocasiões diferentes foram oferecidas às minhocas folhas frescas do repolho verde comum e também do repolho roxo usado em conservas, e elas preferiram o verde e ignoraram quase por completo o roxo, que consumiram em quantidade muito menor. Em duas outras ocasiões, no entanto, pareceram preferir o roxo. As folhas semidecompostas do repolho roxo e as folhas frescas do verde foram atacadas por igual. Quando lhes oferecemos repolho, rábano (alimento predileto) e cebola ao mesmo tempo, elas sempre deram preferência clara à última. Também demos às minhocas folhas de repolho, limoeiro, plantas do gênero *Ampelopsis*, chirívia (*pastinaca*) e aipo (do gênero *Apium*); as folhas do aipo foram as primeiras a serem comidas. Mas quando oferecemos folhas de repolho, nabo, beterraba, aipo, cerejeira-brava e cenoura ao mesmo tempo, as minhocas preferiram as duas últimas, sobretudo as de cenoura, a todas as outras, incluindo as folhas de aipo. Após muitas tentativas também se verificou claramente uma preferência pelas folhas de cerejeira-brava em relação às de limoeiro e de avelã (gênero *Corylus*). Segundo o sr. Bridgman, as minhocas gostam especialmente das folhas semidecompostas de *Phlox verna*.[10]

Deixamos pedaços das folhas de repolho, nabo, rábano e cebola nos vasos por 22 dias e todos foram atacados e tiveram que ser repostos. Mas durante esse tempo as minhocas ignoraram as folhas de artemísia, sálvia, tomilho e hortelã misturadas às folhas já mencionadas, com exceção da hortelã, algumas vezes levemente mordiscada. As últimas quatro folhas não têm diferença de textura que as torne desagradáveis ao paladar das minhocas; todas têm sabor forte — mas isso as quatro primeiras também possuem. A notável diferença no resultado deve necessariamente ser atribuída a uma preferência das minhocas por certos sabores, em detrimento de outros.

QUALIDADES MENTAIS

Há pouco para ser dito sobre este assunto. Vimos que as minhocas são tímidas. Pode-se questionar se elas sentem tanta dor quando feridas quanto parecem exprimir em suas contorções. A julgar pela avidez diante de determinados alimentos, elas devem sentir prazer em comer. A paixão sexual das minhocas é forte o suficiente para vencer o horror à luz. Elas talvez tenham algum senso social, pois não se incomodam de rastejar por cima do corpo umas das outras e às vezes permanecem deitadas juntas. De acordo com Hoffmeister, elas passam o inverno sozinhas ou, senão, enroladas em conjunto, formando uma bola no fundo das galerias.[11] Embora as minhocas sejam singularmente desprovidas de vários órgãos de percepção, isso não exclui de todo sua inteligência, como vimos, por exemplo, nos relatos de Laura Bridgman; vimos também que, quando estão compenetradas em algo, ignoram abalos que, de outra maneira, lhes reclamariam a atenção; a compenetração indica a presença de algum tipo de mente. Além disso, as minhocas podem ser estimuladas com mais facilidade em certas situações, e não em outras. Algumas ações, elas realizam por instinto, ou seja, todos os indivíduos, inclusive os mais jovens, realizam essas ações de modo praticamente idêntico. É o que se pode notar na maneira como as espécies de *Perichaeta* expelem seus dejetos, construindo torres; também pela maneira como as galerias da minhoca comum são forradas e aplanadas por terra fina e, frequentemente, pequenos pedregulhos, e como a entrada da galeria é forrada com folhas. Um dos instintos mais fortes é o de tampar a entrada das galerias com diversos objetos; minhocas muito jovens já agem desse modo. Mas é possível notar algum sinal de inteligência na realização desse trabalho, como veremos no capítulo seguinte. De tudo o que diz respeito às minhocas, este foi o resultado que mais me surpreendeu.

COMIDA E DIGESTÃO

Minhocas são onívoras. Elas engolem uma enorme quantidade de terra, da qual extraem toda matéria digerível que ela possa conter. Mas terei de voltar a isso mais vezes. As minhocas também consomem grande quantidade de folhas semidecompostas de toda sorte, com exceção de algumas que sejam duras demais ou cujo gosto seja desagradável; o mesmo vale para pecíolos, pedúnculos e flores em decomposição. Além disso, elas consomem folhas frescas, como pude notar em diversos experimentos. Segundo Morren,[12] chegam a comer grãos de açúcar e pedaços de alcaçuz. As minhocas que eu mantive arrastavam pequenos pedaços de fécula para dentro de seus canais, e um pedaço maior teve suas protuberâncias suavizadas pelo fluido que elas expelem pela boca. Mas, considerando que elas muitas vezes arrastam pequenas pedras macias, como o giz, para dentro de seus canais, tenho alguma dúvida se não estariam usando a fécula para outros fins que não o de alimentação. Pedaços de carne crua e assada foram presos à superfície dos meus vasos com alfinetes compridos, e, noite após noite, era possível observar as minhocas dando puxões na carne e abocanhando-a, de modo que muito foi consumido. A gordura crua parece ser mais desejada do que a carne crua ou qualquer outra substância que lhes oferecemos, e uma boa quantidade foi consumida. As minhocas são canibais: duas metades de uma minhoca morta, colocadas em dois vasos, foram arrastadas para dentro dos canais e abocanhadas sucessivas vezes. Mas, até onde pude julgar, elas preferem carne fresca à estragada, e nisto discordo de Hoffmeister.

Léon Frédéricq afirma[13] que o fluido digestivo das minhocas é da mesma natureza que a secreção pancreática dos animais superiores; essa conclusão é perfeitamente corroborada pelos tipos de alimentos que as minhocas consomem. O suco pancreático emulsifica a gordura, e já vimos a avidez com que as minhocas a devoram. Ele dissolve a fibrina, e as minhocas comem carne crua. Converte o amido em glicose com incrível rapidez, e logo veremos que o fluido digestivo das minhocas age sobre o amido.[14] Mas as minhocas se alimentam sobretudo de folhas semidecompostas, o que de nada lhes serviria se fossem incapazes de digerir a celulose que compõe as paredes celulares das plantas; pois é bem sabido que todas as outras substâncias nutritivas são extraídas quase que por completo das folhas logo antes de elas caírem. Recentemente, porém, averiguou-se que, embora a celulose seja pouco ou nada destruída pela secreção gástrica dos animais superiores, o suco pancreático é, no entanto, capaz de digeri-la.[15]

As minhocas arrastam para dentro das galerias, a uma profundidade de 2,5 cm a 7,6 cm, as folhas frescas ou semidecompostas que pretendem devorar, e então as umedecem com o fluido que secretam. Já se pensou que esse fluido pudesse servir para acelerar a decomposição. No entanto, em duas tentativas, uma boa quantidade de folhas foi extraída das galerias e mantida por várias semanas dentro de uma campânula de vidro, numa atmosfera bastante úmida em meu escritório. E as partes que tinham sido umedecidas pelas minhocas não se decompuseram mais rapidamente do que as outras em nenhuma instância. Quando folhas frescas foram oferecidas à noite às minhocas mantidas em confinamento, observou-se, na manhã seguinte bem cedo, ou seja, poucas horas após terem sido arrastadas para dentro das galerias, que o fluido que umedece as folhas, ao ser testado no papel de tornassol, produziu uma reação alcalina. A mesma coisa aconteceu repetidas vezes com folhas de aipo, repolho e nabo. Pedaços das mesmas folhas, mas sem terem sido umedecidos pelas minhocas, foram triturados com algumas gotas de água destilada, mas então o suco que se extraiu não era alcalino. Entretanto, testamos algumas folhas que haviam sido arrastadas para dentro das galerias de uma área externa, num momento desconhecido, e, embora estivessem ainda úmidas, quase não exibiam qualquer vestígio de reação alcalina.

Esse fluido que banha as folhas age sobre elas de maneira notável quando ainda estão frescas ou quase frescas: rapidamente as mata e descolore. Foi assim que as pontas de uma folha fresca de cenoura arrastada para dentro de um canal foram encontradas doze horas mais tarde já marrom-escuras. Com as folhas de aipo, nabo, bordo e limão, as folhas finas da hera e, ocasionalmente, as de repolho, deu-se o mesmo. A ponta de uma folha de *Triticum repens* ainda atada à planta em crescimento havia sido arrastada para dentro da galeria e estava marrom-escura e morta, enquanto o restante da folha permanecia verde e fresco. Diversas folhas de limão e olmo retiradas de galerias em áreas externas mostraram-se afetadas em diferentes graus. A primeira mudança parece ser que a nervura da folha fica de um laranja avermelhado não muito forte. Em seguida, as células de clorofila perdem completamente, ou quase completamente, a coloração verde, e, enfim, seus conteúdos se tornam marrons. As partes assim afetadas frequentemente se mostram pretas sob uma luz refletida; mas quando observadas sob um microscópio se mostram como objeto transparente que deixa passar diminutos pontos de luz, o que não ocorre com as partes não afetadas das mesmas folhas. Tais efeitos, no entanto, mostram apenas que o fluido secretado é altamente danoso ou venenoso para as folhas, pois um efeito quase idêntico foi produzido no decorrer de um ou dois dias sobre diversos tipos de folhas jovens, e não apenas com o uso de um fluido pancreático artificial, tanto preparado com timol como sem ele, mas ainda mais depressa com uma solução de timol puro. Numa ocasião, as folhas de uma espécie de *Corylus* perderam muito da coloração ao serem submersas por dezoito horas em fluido pancreático sem timol. No caso de folhas jovens e tenras, imergi--las em saliva humana num dia quente provocou as mesmas respostas obtidas com o fluido pancreático, embora um pouco mais lentas. Em todos esses casos, as folhas frequentemente acabaram penetradas pelo fluido.

As folhas grandes de uma hera trepadeira que cresce num muro são tão resistentes que as minhocas não conseguem mastigá-las, mas, após quatro dias, elas foram afetadas de modo peculiar pela secreção que as minhocas expelem pela boca. As superfícies superiores das folhas, sobre as quais as minhocas rastejaram, como se pôde verificar pela sujeira que deixaram, ficaram marcadas por linhas sinuosas de pontos esbranquiçados e às vezes em forma de estrela, de cerca de 2 mm de diâmetro, que compunham cadeias contínuas ou espaçadas. A aparência desses pontos lembra, curiosamente, a de uma folha cavada pela larva de algum inseto pequeno. Meu filho Francis, no entanto, depois de as separar em cortes para observação, não conseguiu encontrar qualquer ponto onde as paredes celulares tivessem sido rompidas ou a epiderme tivesse sido penetrada. Quando o corte era atravessado pelos pontos esbranquiçados, podia-se perceber que os grãos de clorofila estavam às vezes mais, às vezes menos, descoloridos, e que algumas das células do parênquima paliçádico continham apenas material granular fragmentado. Esses efeitos devem ser atribuídos à transudação da secreção através da epiderme em direção às células.

A secreção com a qual as minhocas umedecem as folhas age de igual maneira sobre os grãos de amido no interior das células. Meu filho examinou algumas folhas de freixo e muitas de limoeiro que haviam caído das árvores e sido parcialmente arrastadas para dentro das galerias das minhocas. É sabido que, nas folhas caídas, os grãos de amido se mantêm preservados nas células-guarda dos estômatos. Agora, em diversos casos, o amido havia desaparecido em alguma medida ou por completo dessas células nas partes da folha que a secreção tinha umedecido. Já nas outras partes da mesma folha ele se encontrava bem preservado. Numa ocorrência, o núcleo e os grânulos de amido desapareceram. O simples ato de enterrar folhas de limoeiro na terra úmida não causou a destruição dos grânulos de amido. Por outro lado, porém, a imersão de folhas frescas de limão e cereja por dezoito horas em fluido pancreático artificial levou à dissolução dos grânulos de amido nas células-guarda, bem como nas outras células.

Pelo fato de as folhas serem umedecidas por uma secreção alcalina, e também pelo fato de esta agir tanto sobre os grânulos de amido quanto sobre os componentes protoplasmáticos das células, podemos deduzir que sua natureza não se assemelha à da saliva,[16] mas sim à da secreção pancreática; e sabemos, via Frédéricq, que uma secreção desse tipo é encontrada no intestino das minhocas. Já que as folhas arrastadas para dentro das galerias tendem a ser secas e murchas, é indispensável que elas primeiro sejam umedecidas e amaciadas para serem desintegradas pela boca desarmada das minhocas. E o mesmo é feito, provavelmente por hábito, com as folhas frescas, pouco importa quanto estejam tenras e macias. O resultado é que elas são parcialmente digeridas antes de serem levadas ao canal alimentar. Não tenho ciência de qualquer outro caso já registrado de digestão extraestomacal. A jiboia envolve sua presa em saliva, mas isso serve apenas para lubrificá-la. Talvez a analogia mais próxima possa ser encontrada em plantas como a drósera e a dioneia, pois elas digerem a matéria e a transformam em peptona não no estômago, mas na superfície de suas folhas.

GLÂNDULAS CALCÍFERAS

Estas glândulas (ver fig. 1, p. 19), a julgar por seu tamanho e sua alta vascularização, devem ser de grande importância para o animal. Mas há tantas teorias sobre seus usos quanto há observadores. As glândulas consistem em três pares, que, nas minhocas comuns, desembocam no canal alimentar anterior à moela; na *Uroctea* e em alguns outros gêneros,[17] vêm depois da moela. Os dois pares posteriores são formados por lamelas que, segundo Claparède, constituem divertículos do esôfago.[18] Essas lamelas são cobertas por uma camada celular polpuda na qual as células exteriores pairam livremente em quantidade imensurável. Ao se perfurar e apertar uma dessas glândulas, uma quantidade de matéria polpuda composta dessas células livres exsuda. São diminutas, variam de 2 μm a 6 μm* de diâmetro. Contêm em seu centro um pouco de matéria granular extremamente fina; mas ainda se assemelham tanto a glóbulos de óleo que Claparède e outros primeiro as trataram com éter. Este não produz efeito

---

* Também chamado de mícron, o micrômetro (μm) é uma unidade de medida de comprimento equivalente a um milionésimo de metro (0,001 mm).

nenhum; mas elas são rapidamente dissolvidas na efervescência do ácido acético, e, quando se adiciona oxalato de amônio à solução, um precipitado branco decanta. Podemos então concluir que elas contêm cal. Se as células forem submergidas num pouco de ácido, elas se tornarão mais transparentes, como fantasmas, e logo serão perdidas de vista. Mas se muito ácido for acrescentado, desaparecerão instantaneamente. Depois de dissolvido um grande número dessas células, resta um resíduo floculento, aparentemente composto pelas delicadas paredes celulares rompidas. Nos dois pares posteriores das glândulas, o cálcio contido nas células às vezes se reúne em pequenos cristais rômbicos, ou solidificações, que ficam entre as lamelas. Mas isso eu observei apenas uma vez, e Claparède, algumas poucas.

As duas glândulas anteriores diferem um pouco das posteriores pela forma: são mais ovaladas. Também diferem visivelmente por possuírem, de modo geral, diversas calcificações, ou duas ou três maiores, ou uma só consideravelmente grande, de até 1,5 mm de diâmetro. Quando uma glândula contém apenas algumas poucas calcificações pequenas — ou quando, como às vezes acontece, não possui nenhuma —, é fácil não as notar. As calcificações maiores são redondas ou ovais e quase lisas do lado externo. Encontrou-se uma que não preenchia a glândula toda, como costuma ser o caso, mas apenas seu colo, de modo que tinha formato semelhante ao de um vidro de azeite. Ao quebrar uma dessas calcificações, verifica-se que têm a estrutura mais ou menos cristalina. É de espantar que elas escapem das glândulas; mas certamente escapam, pois muitas vezes são encontradas na moela, no intestino e nos dejetos das minhocas — tanto das que vivem em estado natural quanto das confinadas.

Claparède diz muito pouco a respeito da estrutura das duas glândulas anteriores e imagina que a matéria calcária da qual as calcificações são formadas é derivada das quatro glândulas posteriores. Mas se uma glândula anterior que contém apenas pequenas calcificações for colocada no ácido acético e então dissecada, ou se tal glândula for seccionada sem que se utilize o ácido, será possível ver claramente as lamelas tais como há nas glândulas posteriores, cobertas de matéria celular, além de uma multidão de células calcíferas livres, que são prontamente dissolvidas em ácido acético. Quando uma glândula é preenchida por completo por uma única calcificação maior, não se encontram células livres, visto que todas foram consumidas na formação da calcificação. Mas se uma tal calcificação, ou uma de tamanho um pouco menor, for dissolvida em ácido, sobrará muita matéria membranosa, que aparentemente consiste em restos de lamelas anteriormente ativas. Após a formação e a expulsão de uma grande calcificação, novas lamelas devem ser de algum modo desenvolvidas. Num corte feito por meu filho, o processo já parecia ter começado, embora a glândula contivesse duas calcificações razoavelmente grandes, pois, próximo às paredes, havia diversos tubos cilíndricos e ovais atravessados, e estes eram forrados por matéria celular e preenchidos quase por completo por células calcíferas livres. Um grande crescimento de diversos tubos ovais numa mesma direção daria origem às lamelas.

Além das células calcíferas livres, em que não há núcleo visível, outras células livres maiores foram encontradas em três ocasiões, e elas continham um núcleo e um nucléolo discerníveis. O ácido acético agiu sobre elas somente a ponto de tornar o núcleo ainda mais discernível. Uma calcificação muito pequena foi retirada do meio de duas lamelas de uma glândula anterior. Ela estava firmada em matéria celular polpuda, com muitas células calcíferas livres, assim como uma vastidão de células maiores, livres e nucleadas, sendo que as últimas não sofreram as ações do ácido acético, enquanto as primeiras foram dissolvidas. A partir disso e de outros casos semelhantes, sou levado a suspeitar que as células calcíferas se desenvolvem a partir das células maiores e nucleadas; mas de que maneira isso se dá, não foi averiguado.

Quando uma glândula anterior contém diversas calcificações diminutas, algumas tendem a ter delineamento angular ou cristalino, enquanto a maioria é arredondada, de superfície irregular como uma amora. As células calcíferas aderiram a muitas faces desses corpos em forma de amora, e seu desaparecimento gradual pôde ser visto enquanto elas permaneceram aderidas. Assim, ficou evidente que as calcificações são formadas pelo cálcio contido nas células calcíferas livres. À medida que as calcificações menores aumentam de tamanho, entram em contato umas com as outras e se unem, fechando assim a lamela, agora inútil; com esses passos, a formação das maiores calcificações pôde ser acompanhada. Por que esse processo costuma ocorrer nas duas glândulas anteriores, e apenas raramente nas quatro posteriores, não se sabe. Morren afirma que essas glândulas desaparecem no inverno, e já pude ver isso acontecer algumas vezes, e outras em que, durante a estação, as glândulas anteriores e as posteriores ficaram vazias e murchas de tal forma que as discernir mostrou-se algo dificílimo.

Em relação à função das glândulas calcíferas, é provável que sirvam primeiramente como órgãos de excreção e, em segundo lugar, como auxiliares da digestão. As minhocas consomem muitas folhas caídas, e sabe-se que o cálcio continua se acumulando nas folhas até elas caírem da planta-mãe, em vez de ser reabsorvido pelo caule ou pelas raízes, como tantas outras substâncias orgânicas e inorgânicas.[19] Já se registraram cinzas de folhas de acácia que continham até 72% de cálcio, o que significa que as minhocas correriam o risco de ser sobrecarregadas ao ingerir essa terra, a não ser que houvesse algum meio específico para sua excreção; as glândulas calcíferas são bem adaptadas a esse propósito. As minhocas que vivem na terra vegetal próxima aos morros de giz costumam ter o intestino cheio de cálcio, e seus dejetos são praticamente brancos. Por essa razão, é evidente que o suprimento de material calcário deve ser superabundante. No entanto, verificou-se que, em muitas das minhocas coletadas num local como esse, as glândulas calcíferas continham tantas células calcíferas livres e tantas calcificações grandes quanto as que há nas glândulas das minhocas que vivem em locais onde há pouco ou nenhum cálcio. Isso indica que o cálcio é um excremento, e não uma secreção vertida para dentro do canal alimentar por alguma razão específica.

Por outro lado, as considerações a seguir tornam bastante provável que o carbonato de cálcio, que é excretado pelas glândulas, auxilie no processo digestório sob circunstâncias normais. Quando as folhas entram em decomposição, elas geram uma abundância de diferentes ácidos, que são agrupados sob o nome de ácidos húmicos. Voltaremos a isso no quinto capítulo, e aqui apenas afirmo que esses ácidos agem com vigor sobre o carbonato de cálcio. As folhas semidecompostas, que são engolidas em grande quantidade pelas minhocas, estariam aptas, portanto, a produzir esses ácidos depois de serem umidificadas e trituradas no canal alimentar. E descobriu-se, por meio de testes em papel de tornassol, que os conteúdos do canal alimentar de diversos tipos de minhoca eram totalmente ácidos. Essa acidez não pode ser atribuída à natureza do fluido digestivo, pois o fluido pancreático é alcalino. A acidez tampouco se deve ao ácido úrico, pois os conteúdos da parte superior do intestino costumam ser ácidos. Num caso, os conteúdos da moela eram levemente ácidos e os da parte superior do intestino, mais evidentemente ácidos. Em outro caso, os conteúdos da faringe não eram ácidos, os da moela eram possivelmente ácidos, e os do intestino, nitidamente ácidos a partir de uma distância de 5 cm abaixo da moela. Mesmo no caso dos animais herbívoros superiores e dos onívoros, os conteúdos do intestino grosso são ácidos.

> Isso, no entanto, não se deve a qualquer secreção ácida da membrana mucosa; a reação das paredes tanto do intestino grosso quanto do intestino delgado é alcalina. Deve, portanto, surgir das fermentações ácidas que ocorrem no próprio conteúdo [...]. Relata-se que, nos carnívoros, os conteúdos do ceco são alcalinos, e o grau de fermentação dependerá, naturalmente, da natureza do alimento.[20]

No caso das minhocas, não apenas o conteúdo de seu intestino, mas também o material expelido — os dejetos — costumam ser ácidos. Trinta dejetos de locais diferentes foram testados, e todos eram ácidos, exceto três ou quatro amostras, e é possível que essas amostras não tivessem sido expelidas há pouco tempo, pois alguns dejetos são ácidos num primeiro momento e, na manhã seguinte, após estarem secos e serem reidratados, já não o são mais. Provavelmente, o que aconteceu foi que os ácidos húmicos se decompuseram, como é sabido que ocorre com facilidade. Cinco dejetos frescos de minhocas que viviam na terra vegetal próxima aos morros de giz eram de uma cor esbranquiçada e abundantes em matéria calcária, mas nem um pouco ácidos. Isso mostra como o carbonato de cálcio neutraliza efetivamente os ácidos intestinais. Quando as minhocas foram mantidas em vasos cheios de areia fina e ferruginosa, ficou evidente que o óxido de ferro, que cobre os grãos de sílex, havia sido dissolvido e retirado deles nos dejetos.

O fluido digestivo das minhocas se assemelha, em seus efeitos, à já mencionada secreção pancreática dos animais superiores; e, nestes, "a digestão pancreática é essencialmente alcalina; a ação não ocorre a menos que haja algum álcali presente; e a atividade de um suco alcalino é interrompida pela acidificação e impedida pela neutralização".[21] Portanto, é bastante provável que as inúmeras células calcíferas contidas no líquido vertido pelas quatro glândulas posteriores no canal alimentar das minhocas sirvam para neutralizar quase que completamente os ácidos gerados pelas folhas semidecompostas. Vimos que essas células podem ser dissolvidas imediatamente com uma pequena quantidade de ácido acético, e como elas nem sempre são suficientes para neutralizar os conteúdos nem sequer da parte superior do canal alimentar, é possível que o cálcio seja agregado às calcificações do par de glândulas anteriores de modo que algumas delas sejam arrastadas até as regiões posteriores do intestino, onde essas calcificações seriam revolvidas em meio aos conteúdos ácidos. As calcificações encontradas no intestino e nos dejetos muitas vezes têm uma aparência gasta, mas se isso se deve a algum grau de atrito ou de corrosão química, não se pode afirmar. Claparède acredita que são formadas para que possam agir como uma mó, ajudando assim na trituração do alimento. É possível que elas prestem algum tipo de auxílio nesse sentido; mas eu concordo totalmente com Perrier que, se for esse o caso, tem pouca importância, uma vez que esse objetivo já é alcançado pelas pedras que costumam estar presentes na moela e no intestino das minhocas.

Os hábitos das minhocas — *continuação*

O modo como as minhocas apanham objetos — Seu poder de sucção — O instinto de tampar a entrada das galerias — Pedras empilhadas sobre as galerias — As vantagens daí advindas — A inteligência exibida pelas minhocas na maneira como tampam as galerias — Diversos tipos de folhas e outros objetos usados para esses fins — Triângulos de papel — Resumo das razões para crer que as minhocas mostram ter alguma inteligência — Os modos pelos quais elas cavam as galerias, empurrando e ingerindo a terra — Terra também consumida pelo conteúdo nutricional que possui — A profundidade a que as minhocas cavam e a construção das galerias — Galerias forradas com dejetos e, nas partes superiores, folhas — O fundo é forrado com pequenas pedras ou sementes — O modo como os dejetos são expelidos — O colapso de galerias antigas — A distribuição das minhocas — Os dejetos como torres em Bengala — Os dejetos gigantes nos montes Nilguiri — Os dejetos expelidos em todos os países

Nos vasos em que as minhocas eram mantidas, prenderam-se folhas à superfície do solo de modo que se pudesse observar como elas seriam apanhadas à noite. As minhocas tiveram sucesso em todas as tentativas de arrastar as folhas para dentro das galerias; e rasgaram pequenos fragmentos destas, ou sugaram as que estavam tenras o bastante. De modo geral, as minhocas agarraram o lado mais fino da folha com a boca, prendendo-a entre o lábio inferior e o superior, projetado. Ao mesmo tempo, como observa Perrier, elas empurraram a faringe grossa e forte para a frente, dentro da boca, de modo a oferecer um ponto de resistência para o lábio superior. Já com objetos achatados e largos elas agiram de modo completamente diferente. Após encostarem num objeto desse tipo com a extremidade anterior do corpo, as minhocas a recolheram para dentro dos anéis, de modo a deixá-la com a aparência encurtada e tão grossa quanto o resto de seu corpo. Em seguida, essa parte do corpo inchou levemente, o que se deve, acredito, ao fato de a faringe ter sido ligeiramente empurrada para a frente. Então, através de uma suave contração ou extensão da faringe, a minhoca produziu um vácuo debaixo de seu corpo viscoso e encurtado, mantendo o contato com o objeto, e foi dessa maneira que ele acabou fortemente aderido a ela.[1] Numa ocasião em que uma minhoca grande tentou arrastar a folha de repolho flácida sobre a qual estava deitada, ficou nítido que, sob tais circunstâncias, um vácuo é criado: a superfície da folha que estava diretamente abaixo do corpo da minhoca ficou marcada por depressões fundas. Em outra ocasião, uma minhoca repentinamente soltou a folha chata que trazia, e aí então pôde-se observar que a extremidade de seu corpo estava temporariamente em forma de concha. As minhocas conseguem agarrar objetos embaixo d'água do mesmo modo; certa vez, vi isso ocorrer quando uma minhoca arrastava consigo uma fatia submersa de cebola.

Muitas vezes, as minhocas mordiscaram as bordas das folhas frescas ou quase frescas que haviam sido presas à terra;

algumas vezes, a epiderme e toda a parênquima de um único lado da folha foram completamente mastigadas numa grande extensão — a epiderme do lado oposto praticamente sumiu. As inervações foram sempre deixadas de lado, e assim as folhas quase se converteram em esqueletos. Como as minhocas não têm dentes e sua boca é formada por um tecido muito mole, pode-se presumir que elas se alimentam através da sucção das bordas e dos parênquimas das folhas frescas, depois de as amaciarem com fluido digestivo. Elas são incapazes de atacar folhas duras como as da *Crambe maritima*, ou folhas grandes e grossas como as da hera; ainda que, no último caso, uma delas tenha sido reduzida a pedaços depois de apodrecida, ganhando a aparência de esqueleto.

As minhocas apanham folhas e outros objetos não apenas para se alimentar, mas também para tampar a entrada de suas galerias; esse é um de seus instintos mais fortes. Folhas e pecíolos de diversos tipos, alguns pedúnculos florais, muitas vezes gravetos em decomposição, pedaços de papel, penas, tufos de lã e fios de crina de cavalo são arrastados para dentro das galerias para esses fins. Já cheguei a contar dezessete pecíolos de *Clematis* projetados para fora da entrada de uma galeria e dez na entrada de outra. Alguns desses itens, como os pecíolos recém-mencionados, as penas etc., não são jamais consumidos pelas minhocas. Num caminho de cascalho em meu jardim, encontrei várias centenas de folhas de pinheiro (*P. austriaca* ou *nigricans*) arrastadas pela base para dentro das galerias. A superfície por meio da qual essas folhas se articulam aos galhos tem o formato peculiar da articulação que junta os ossos da perna dos animais quadrúpedes. Se, por acaso, essa superfície tivesse sido minimamente digerida, haveria nela sinais bem visíveis; mas não havia sinal nenhum de mastigação. Também as folhas comuns das dicotiledôneas, quando arrastadas para dentro das galerias, não são mastigadas. Já cheguei a contar nove folhas de limoeiro arrastadas para dentro de uma só galeria, e quase nenhuma havia sido mastigada; mas tais folhas talvez sirvam de reserva para consumo posterior. Nos locais onde as folhas caídas são abundantes, o número coletado para cobrir a entrada das galerias é muitas vezes maior do que se pode utilizar, de modo que uma pequena pilha de folhas não empregadas é sobreposta como um telhado por cima das folhas parcialmente arrastadas para o interior.

Ao ser arrastada, ainda que só para a entrada de uma galeria cilíndrica, a folha acaba necessariamente dobrada ou amassada. Quando uma segunda folha é trazida, ela passa sobre a primeira, e assim sucessivamente, até que, finalmente, todas ficam dobradas e prensadas juntas. Algumas vezes, a minhoca expande a entrada da galeria, ou abre uma nova entrada nas proximidades, de modo a arrastar uma quantidade ainda maior de folhas. Elas muitas vezes, ou geralmente, preenchem os interstícios entre as folhas arrastadas com a terra úmida e viscosa que expelem de seu corpo. Assim, a entrada das galerias é tampada com segurança. Centenas de canais vedados dessa forma podem ser observados em diversos lugares, sobretudo durante os meses de outono ou do começo do inverno. Contudo, como será mostrado a seguir, as folhas não são apenas arrastadas para dentro das galerias para vedá-las, tampouco para servirem de alimento; elas também se prestam a forrar a entrada ou parte mais próxima à superfície.

Quando as minhocas não conseguem obter folhas, pecíolos, gravetos etc., dos quais se serviriam para vedar a entrada das galerias, elas muitas vezes a protegem com pequenos amontoados de pedras; tais amontoados de pedrinhas redondas e lisas costumam ser vistos em caminhos de cascalho. Aqui não há dúvida sobre eles servirem ou não de comida. Uma senhora interessada nos hábitos das minhocas retirou os pequenos amontoados de pedras da entrada de diversas galerias e limpou a superfície do chão em volta da entrada no perímetro de alguns centímetros. Na noite seguinte, ela saiu com uma lanterna e viu as minhocas, com o rabo preso dentro das galerias, arrastarem as pedras para dentro com o auxílio da boca, certamente por sucção. "Após duas noites, alguns dos buracos estavam cobertos por oito ou nove pedras; após quatro noites, um deles tinha cerca de trinta, e outro, 34 pedras."[2] Uma das pedras que foram arrastadas pelo caminho de cascalho até a entrada da galeria pesava 56,7 g, o que dá provas de como as minhocas são fortes. Mas elas exibem uma força ainda maior quando eventualmente movem essas pedras por caminhos de cascalho pisoteados — e podemos comprovar que o fazem porque deixam cavidades que podem ser perfeitamente preenchidas por pedras encontradas acima da entrada de galerias adjacentes, como eu mesmo já pude observar.

É durante a noite que as minhocas costumam realizar esse tipo de trabalho; mas já presenciei algumas vezes a movimentação de objetos para dentro das galerias à luz do dia. Não se sabe qual vantagem as minhocas podem tirar ao tampar a entrada das galerias com folhas etc., nem ao empilhar pedras sobre elas. Elas não agem desse modo quando expelem a terra de dentro para fora das galerias, pois nessas ocasiões seus dejetos servem para cobrir a entrada. Quando um jardineiro deseja matar as minhocas de um gramado, precisa primeiro limpar ou rastelar os dejetos da superfície para que a cal hidratada penetre os canais.[3] Disso se pode inferir que a entrada é vedada com folhas etc. para impedir que a água de uma chuva forte as penetre. No entanto, pode-se contra-argumentar que algumas pedras perfeitamente redondas e soltas não são aptas a bloquear a água. Além disso, já vi muitas galerias nas margens de grama perpendiculares aos caminhos de cascalho dentro das quais seria pouco provável que a água caísse, e mesmo estas estavam tão bem tampadas quanto as galerias que há sob superfícies planas. Será que essas tampas ou pilhas de pedras ajudam a esconder as galerias das lacraias, as quais, segundo Hoffmeister,[4] são as mais amargas inimigas das minhocas? Ou será que as minhocas não ficariam assim protegidas, seguras ao manter a cabeça colada à entrada das galerias, como sabemos que é de seu feitio fazer, mas que lhes custa tão frequentemente a vida? Ou será que essas tampas não impedem a livre circulação do estrato mais baixo do ar, vindo do chão e da relva ao redor, resfriado pela radiação da noite? Tendo a crer nesta última consideração: em primeiro lugar, porque quando as minhocas são mantidas num cômodo onde há uma lareira acesa, de modo que o ar frio não penetre as galerias, elas tampam a entrada de modo desleixado; em segundo, porque elas muitas vezes cobrem a parte próxima à superfície com folhas, aparentemente para evitar que seu corpo entre em contato com a terra úmida e fria. No entanto, é possível que o processo de vedar a entrada sirva a todas as funções acima elencadas.

Seja qual for o motivo, tudo indica que, para as minhocas, é profundamente desagradável deixar a entrada das galerias abertas. E, apesar disso, elas a reabrem à noite, ainda que não sejam capazes de fechá-la novamente em seguida. Num terreno recém-escavado, é possível ver numerosas galerias abertas — pois, nesse caso, as minhocas expelem seus dejetos em cavidades no solo ou em galerias antigas, em vez de os empilharem sobre as entradas de suas próprias galerias, não podendo, desse modo, coletar objetos na superfície, com os quais protegeriam as entradas. Assim, no pavimento recém-desenterrado de uma casa romana em Abinger (a ser descrito mais adiante), as minhocas insistiam em reabrir as galerias todas as noites, após terem sido fechadas ou pisoteadas, muito embora raramente encontrassem as pequenas pedras com as quais poderiam protegê-las.

A INTELIGÊNCIA EXIBIDA PELAS MINHOCAS NA MANEIRA COMO TAMPAM AS GALERIAS

Se um homem precisasse tampar um pequeno buraco cilíndrico com objetos tais como folhas, pecíolos ou gravetos, ele os arrastaria ou empurraria pela extremidade pontiaguda; mas, se esses objetos fossem muito finos em relação ao tamanho do buraco, provavelmente os inseriria pela extremidade mais grossa ou larga. Nesse caso, o guia seria a inteligência. Portanto, parecia proveitoso observar atentamente o modo como as minhocas arrastavam as folhas para dentro das galerias — se pela ponta, pela base ou pela porção média. Pareceu-nos ainda mais desejável fazê-lo nos casos em que houvesse plantas não nativas de nosso país, pois, embora o hábito de arrastar folhas para dentro das galerias seja sem dúvida instintivo para as minhocas, não caberia ao instinto informá-las de como agir diante de folhas que não fossem conhecidas por seus progenitores. E se, além disso, as minhocas agissem somente por instinto ou impulsos hereditários que não variam, todas elas arrastariam as folhas para dentro das galerias de maneira idêntica. Se não tiverem tal instinto definitivo, podemos ainda imaginar que é o acaso quem decide se elas devem apanhar a parte superior, inferior ou média de uma folha. Se ambas as alternativas forem excluídas, resta apenas a inteligência; a menos que a minhoca, em cada caso, tente diferentes métodos e continue somente com aquele que se mostra possível ou mais fácil; mas agir desse modo e tentar diferentes métodos é algo bem próximo da inteligência.

Na primeira ocorrência, 227 folhas murchas de diversos tipos, principalmente de plantas inglesas, foram retiradas de galerias de minhocas em vários territórios. Dessas, 181 folhas haviam sido arrastadas para dentro das galerias pela ponta ou quase pela ponta, de maneira que o pecíolo se projetava de modo praticamente vertical para fora da entrada da galeria; vinte haviam sido arrastadas pela base, e, nesses casos, era a ponta que se projetava para fora da galeria; e 26 foram arrastadas pelo meio, de modo transversal, encontrando-se, portanto, bastante amassadas. Assim, 80% (valores arredondados) foram arrastados pela ponta, 9% pela base, ou pelo pecíolo, e 11% transversalmente, ou pelo meio. Só isso já bastaria para mostrar que o acaso não é determinante na maneira como as folhas são arrastadas para dentro das galerias.

Das 227 folhas mencionadas, setenta eram as folhas caídas da *Tilia x europaea*, que muito provavelmente não é nativa da Inglaterra. Essas folhas são bastante acuminadas na ponta e amplas na base, com um pecíolo bem desenvolvido. São finas e muito flexíveis quando meio murchas. Dessas setenta, 79% foram arrastadas pela ponta, ou quase; 4% pela base, ou quase; e 17% transversalmente, ou pelo meio. No que concerne às pontas, essas proporções são bastante semelhantes às mencionadas há pouco. Mas a porcentagem das folhas arrastadas pela base é menor, o que pode ser atribuído à largura basal da folha. Neste caso também podemos ver que a presença do pecíolo tem pouca ou nenhuma influência na maneira como as folhas são arrastadas para dentro das galerias, ainda que pudéssemos esperar que fossem tentadoras para as minhocas como alças. A proporção significativa de 17% das folhas arrastadas transversalmente depende, sem dúvida, da flexibilidade dessas folhas semidecompostas. O fato de tantas terem sido arrastadas pelo meio e de algumas poucas o terem sido pela base torna pouco provável que as minhocas tenham primeiro tentado arrastar a maioria dessas folhas por um desses dois métodos ou ambos e que, depois, 79% delas o tenham sido pelas pontas; pois é evidente que não fracassariam ao arrastá-las pela base ou pelo meio.

Em seguida, buscaram-se as folhas de uma planta estrangeira que fossem menos finas no ápice do que na base. Revelou-se ser esse o caso de um laburno (um híbrido de *Cytisus alpinus* e *Laburnum*), pois, quando se dobra sua folha ao meio, sobrepondo a ponta à base, elas tendem a ter exatamente o mesmo tamanho, e, nos casos em que há alguma diferença, a metade da base é um pouco mais estreita. Portanto, seria possível imaginar que uma quantidade quase idêntica dessas folhas fosse arrastada para dentro do canal tanto pela ponta como pela base, ou que houvesse uma pequena preferência pela segunda maneira. Mas, de 73 folhas (que não estavam no primeiro lote de 227) retiradas das galerias, 63% haviam sido arrastadas pela ponta; 27% pela base e 10% transversalmente. Vemos então que, neste caso, uma proporção muito maior foi arrastada pela base do que no caso da *Tilia x europaea*, cujas folhas são bastante amplas na base e das quais apenas 4% foram assim arrastadas. O fato de uma proporção ainda maior de folhas do laburno não ter sido arrastada pela base talvez se explique pelo hábito adquirido pelas minhocas de em geral arrastar as folhas pela ponta, evitando assim o pecíolo. Pois, em diversos tipos de folhas, a borda da base cria um ângulo obtuso em relação ao pecíolo, e, se tais folhas fossem arrastadas por ele, a borda da base entraria em atrito com o solo em ambos os lados da galeria, o que dificultaria muito o arrastar da folha pela minhoca.

A despeito disso, as minhocas rompem o próprio hábito de evitar o pecíolo da planta se porventura essa parte lhes oferecer a maneira mais conveniente de arrastar folhas para dentro das galerias. As folhas das variedades infinitamente hibridizadas do rododendro têm muitas variações de formato; algumas são mais estreitas perto da base e outras, perto do ápice floral. Depois de cair, a folha frequentemente se encrespa de cada um dos lados da nervura central à medida que seca: às vezes por toda a sua extensão, às vezes na base mais do que no resto de seu comprimento, ou ainda, às vezes, elas se encrespam sobretudo próximo ao ápice floral. Das 28 folhas caídas numa camada de turfa em meu jardim, apenas cinco não tinham o quadrante basal mais estreito do que o quadrante terminal de sua extensão; e essa finura se devia sobretudo ao encrespamento das bordas. Das 36 folhas caídas em outro canteiro, no qual cresciam outras variedades de rododendro, apenas dezessete eram mais estreitas na base do que no ápice. Meu filho William, o primeiro a chamar minha atenção para isso, colheu 237 folhas caídas em seu jardim (no qual crescem rododendros em solo não cultivado), e, destas, 65% poderiam ter sido arrastadas pelas minhocas para dentro das galerias com maior facilidade pela base ou pelo pecíolo do que pela ponta; isso se deve, em parte, ao formato da folha e, em menor grau, ao encrespamento das bordas; 27% poderiam ser arrastadas com maior facilidade pela ponta do que pela base; 8% com igual facilidade por qualquer um dos lados. O formato de uma folha caída deve ser avaliado antes que uma de suas extremidades seja arrastada para dentro da galeria, pois, depois disso, a extremidade que tiver sido deixada para fora, seja ela a base ou o ápice, secará antes do que a que estiver dentro da terra úmida; consequentemente, as bordas expostas da extremidade livre tenderão a ficar mais encrespadas do que eram quando as minhocas as arrastaram. Meu filho encontrou 91 folhas que as minhocas arrastaram para dentro de suas galerias, a uma profundidade não muito grande; dessas, 66% foram arrastadas pela base, ou pecíolo; 34%, pela ponta. Nesse caso, portanto, as minhocas avaliaram com um grau considerável de acerto a melhor maneira de arrastar para dentro das galerias as folhas caídas dessa planta estrangeira; ainda que tivessem que fugir do hábito mais comum de evitar o pecíolo da folha.

Nos caminhos de cascalho do meu jardim, uma grande quantidade de folhas de três espécies de Pinus (*P. austriaca*, *P. nigricans* e *P. sylvestris*) é arrastada regularmente para dentro da entrada das galerias das minhocas. As folhas são formadas por duas agulhas unidas numa base comum, de comprimento considerável no caso das duas primeiras espécies mencionadas e curto no caso da terceira. É pela base que são arrastadas para dentro das galerias, invariavelmente. Observei apenas duas ou, no máximo, três exceções a essa regra entre as minhocas que viviam em estado natural. Como a ponta afiada das agulhas possui pequenas divergências, e visto que são muitas as folhas arrastadas para dentro de uma só galeria, cada ramalhete acaba formando um perfeito "cavalo de frisa".* Em duas ocasiões, retiraram-se vários desses ramalhetes à noite, apenas para encontrá-los substituídos por muitas folhas frescas logo na manhã seguinte, com as galerias novamente bem guardadas. Seria impossível para as minhocas arrastar essas folhas para dentro das galerias, até mesmo para a superfície delas, por qualquer outra parte que não a base, pois elas são incapazes de agarrar duas agulhas ao mesmo tempo. Se acaso uma só fosse agarrada pelo ápice, a outra se prenderia ao solo, criando resistência para a agulha agarrada. Foi o que se observou nos dois ou três casos excepcionais mencionados acima. Portanto, para que as minhocas realizem bem o seu trabalho, elas devem arrastar as folhas de pinheiro para dentro das galerias pela base onde as duas agulhas se juntam.

---

* Obstáculo defensivo, de origem medieval, coberto por diversos espigões de ferro ou madeira.

Mas o modo pelo qual as minhocas se guiam nesse trabalho é uma questão que ainda nos instiga.

Esse problema levou meu filho Francis e eu a observarmos, sob uma lanterna fraca, as minhocas em confinamento arrastarem, em várias noites sucessivas, as folhas dos pinheiros mencionados para dentro das galerias. Elas moviam a porção anterior do corpo sobre as folhas e, em diversas ocasiões, ao encostar na parte pontiaguda da agulha, retraíam-se de imediato como se sentissem uma espetada. Mas não sei ao certo se elas de fato sentiram dor, pois são indiferentes a objetos bastante afiados, e até mesmo engolem os espinhos das rosas e pequenos estilhaços de vidro. Também se pode desconfiar que a ponta das agulhas talvez sirva para lhes avisar que aquele é o lado errado de agarrar; mas cortamos as pontas de várias folhas no comprimento de cerca de 2,5 cm e, dessa forma, 57 folhas assim manipuladas foram arrastadas para dentro das galerias pela base, e nenhuma pela ponta cortada. Muitas vezes, as minhocas confinadas agarravam as agulhas pelo meio e as traziam para perto da entrada das galerias; e uma minhoca, agindo de maneira sem sentido, tentou arrastá-las para dentro da galeria dobrando-as. As minhocas às vezes reuniram mais folhas na entrada das galerias do que o espaço interior permitia (como foi o caso, acima mencionado, das folhas de limoeiro). Em outras ocasiões, no entanto, comportaram-se de maneira bastante diferente, pois, assim que encostaram na base das folhas de pinheiro, logo as agarraram, às vezes até engolfando-as completamente dentro da boca; ou, senão, um ponto próximo à base foi agarrado e a folha foi rapidamente arrastada, ou melhor, empurrada para dentro da galeria. Tanto eu como meu filho tivemos a impressão de que as minhocas percebiam de imediato quando agarravam uma folha da maneira correta. Observamos nove dessas ocorrências, mas numa delas a minhoca não foi capaz de arrastar a folha para dentro da galeria, porque ela estava emaranhada a outras folhas caídas. Em outro momento, uma folha foi encontrada perfeitamente em pé, com a ponta das agulhas parcialmente inserida na galeria. Mas não se sabe como ela foi deixada assim. Em seguida, uma minhoca projetou-se para cima e apanhou a base da folha, que foi então arrastada para dentro da galeria fazendo um arco da base à ponta. E em duas ocasiões, após a folha ter sido apanhada pela base, a minhoca que a trazia a soltou, por motivo desconhecido.

Como já foi dito, o hábito de tampar a entrada das galerias com diversos objetos é, sem dúvida, instintivo para as minhocas; uma minhoca bem jovem, nascida num de meus vasos, arrastou por uma curta distância a folha de um pinheiro-de-casquinha, que possuía uma agulha quase tão comprida e longa quanto a própria minhoca. Nenhuma espécie de pinheiro é endêmica nesta parte da Inglaterra; é, portanto, incrível que a maneira correta de arrastar suas folhas seja instintiva para as nossas minhocas. Mas como as minhocas que observamos nos exemplos acima foram retiradas de baixo ou em volta de pinheiros, que estão plantados há mais de quarenta anos, o desejo de provar que suas ações não foram fruto de instinto não estava saciado. Assim, espalhamos as folhas dos pinheiros em terrenos bastante distantes de qualquer árvore dessas, e noventa folhas foram arrastadas para dentro das galerias pela base. Apenas duas foram arrastadas pela ponta das agulhas, e essas não constituíram verdadeiras exceções, visto que uma foi arrastada apenas por um trajeto curto, e a outra tinha as duas agulhas unidas. Também foram oferecidas folhas de pinheiros às minhocas que vivem em vasos num cômodo quente, e o resultado foi outro: das 42 folhas arrastadas para as galerias, dezesseis o foram pelas pontas. Mas essas minhocas, no entanto, trabalhavam de maneira negligente e desatenta; pois muitas vezes arrastaram as folhas apenas a uma profundidade rasa. Outras vezes, ainda, as folhas foram simplesmente amontoadas sobre a entrada das galerias, ou nem sequer chegaram a ser levadas. Creio que a falta de cuidado possa ser atribuída à temperatura elevada do ar daquela sala, e que as minhocas, por consequência, não se sentiam impelidas a tampar a entrada de seus buracos. Vasos ocupados por minhocas e cobertos com uma rede que permite a entrada do ar frio foram deixados ao relento por várias noites seguidas, e então viu-se que 72 folhas haviam sido arrastadas corretamente pela base.

A partir dos fatos por ora mencionados, talvez se possa inferir que as minhocas de alguma maneira adquirem uma noção geral do formato ou da estrutura das folhas dos pinheiros, e que elas compreendem ser necessário agarrá-las pela base quando acontece de duas agulhas estarem unidas. Mas os casos a seguir põem isso em xeque. A ponta de um grande número de agulhas de *P. austriaca* foi colada com goma-laca dissolvida em álcool e, em seguida, exposta por alguns dias até que qualquer cheiro ou sabor tivesse, acredito, se dissipado; e então essas folhas foram espalhadas próximo a galerias das quais se havia retirado todo material que lhes tampasse a entrada, em locais onde não crescia pinheiro nenhum. As folhas poderiam ser arrastadas para dentro das galerias com igual destreza por qualquer um dos lados; e, a julgar por casos semelhantes e, sobretudo, pelo caso a ser apresentado dos pecíolos de *Clematis montana*, eu imaginei que o ápice teria sido a opção predileta. Mas o resultado foi que, de 121 folhas com as pontas coladas que foram arrastadas para dentro das galerias, 108 o foram pela base, e apenas treze pela ponta. Imaginando que as minhocas pudessem ter sentido e desaprovado o cheiro ou gosto da goma-laca, ainda que isso fosse muito improvável, principalmente após as folhas terem sido expostas ao ar livre durante várias noites, amarramos a ponta das agulhas de diversas folhas com uma linha bem fina. Cento e cinquenta folhas assim manipuladas foram arrastadas para dentro das galerias — sendo 123 dessas pela base e 27 pelas pontas amarradas. Ou seja, as folhas foram entre quatro e cinco vezes mais arrastadas pela base do que pela ponta. É possível que as rebarbas das linhas que amarravam as agulhas tenham sido tentadoras para as minhocas, de modo que um número proporcionalmente maior foi arrastado pela ponta do que no caso das agulhas coladas com goma-laca. Somadas as folhas amarradas às coladas (271 no total), 85% foram arrastadas pela base e 15% pela ponta. Assim, podemos inferir que não é a divergência das duas agulhas que leva as minhocas em estado natural a quase sempre arrastar as folhas de pinheiros pela base. Tampouco se pode afirmar que as minhocas agem dessa forma porque as pontas são mais afiadas. Pois, como vimos, muitas folhas que tiveram sua ponta cortada foram, ainda assim, arrastadas pela base. Somos enfim levados a concluir que, no caso das folhas de pinheiro, deve haver na base delas algo de atrativo para minhocas, ainda que poucas folhas de outras espécies sejam arrastadas pela base ou pecíolo.

PECÍOLOS

Agora voltamos nossa atenção aos pecíolos, ou pés, das folhas compostas, quando os folíolos se desprenderam. No início de janeiro, as folhas de uma trepadeira *Clematis montana*, que descia pelas laterais de uma varanda, foram arrastadas em grandes quantidades para dentro das galerias situadas ao longo do caminho de cascalho, do gramado e do canteiro de flores adjacentes. Seus pecíolos têm entre 6,3 cm e 11,4 cm de comprimento, são rígidos e bastante uniformes na espessura, exceto junto à base, onde sofrem um aumento abrupto, ganhando quase o dobro de espessura em comparação às outras partes. O ápice é um tanto pontiagudo, mas encrespa rapidamente e, nesse estado, pode ser quebrado com facilidade. Desses pecíolos, 314 foram retirados de canais nos locais indicados acima; e então se verificou que 76% deles haviam sido arrastados pela ponta e 24%, pela base. Ou seja, os que foram arrastados pela ponta somaram pouco mais de três vezes o total dos arrastados pela base. Alguns pecíolos retirados do caminho de cascalho bastante compactado foram discriminados: desses, 59 haviam sido arrastados pela ponta, quase cinco vezes mais do que o total dos que foram arrastados pela base. No caso dos pecíolos retirados do gramado e do canteiro de flores — nos locais em que o solo se encontra menos compactado e menos cuidado isso se faz necessário para tampar a entrada das galerias —, a proporção dos que foram arrastados pela ponta (130) é de menos de três para um em relação aos que o foram pela base (48). Que esses pecíolos foram arrastados para dentro das galerias a fim de as vedar, e não para servir de alimento, é algo que se mostrou evidente, visto que nenhum dos dois extremos, até onde pude observar, havia sido mastigado. Como muitos pecíolos são empregados para tampar uma só galeria — num caso, houve um montante de dez e em outro, de quinze —, é possível que, para poupar esforços, as minhocas primeiro arrastem alguns deles pela extremidade mais grossa. Mais tarde, porém, a grande maioria talvez seja arrastada pela extremidade pontiaguda, a fim de vedar a entrada com maior segurança.

Em seguida, observaram-se os pecíolos caídos dos nossos freixos nativos. O que vale de regra para quase todos os objetos (que a grande maioria seja arrastada para dentro das galerias pela extremidade pontiaguda) encontrou aqui sua exceção. De início, surpreendi-me muito com esse fato. Os pecíolos do freixo têm um comprimento que varia de cerca de 13 cm a 22 cm; quanto mais perto da base, mais grossos e carnudos. Eles sofrem uma leve afunilada na direção do ápice, que é mais largo e truncado no ponto onde o folíolo terminal encontra-se originalmente preso. No início de janeiro, retiramos 229 pecíolos das galerias de minhocas ao redor de freixos que cresciam num gramado. Desses, 51,5% haviam sido arrastados pela base e 48,5%, pelo ápice. Essa anomalia, no entanto, foi rapidamente explicada tão logo se examinou a base, mais grossa: de 103 pecíolos, 78 haviam sido mordiscados pelas minhocas logo acima da articulação em formato de ferradura. Na maior parte dos casos, não havia dúvida quanto às abocanhadas; pois os pecíolos não mordiscados ficaram expostos ao ar livre por oito semanas, e não se mostraram mais decompostos ou apodrecidos perto da base, em comparação com o resto de sua extensão. Portanto, ficou evidente que as partes mais grossas, próximas à base do pecíolo, não são arrastadas apenas para cumprir a finalidade de tampar a entrada das galerias, mas servem também de alimento. Até mesmo as pontas truncadas de alguns pecíolos foram abocanhadas; foi o caso de seis dos 37 pecíolos examinados com isso em mente. Depois de arrastar e mastigar a base, as minhocas muitas vezes expelem os pecíolos de dentro das galerias. Em seguida, arrastam outros mais frescos, seja pela base, para servirem de alimento, seja pelo ápice, para melhor vedar a galeria. Assim, dos 37 pecíolos arrastados pela ponta, cinco haviam sido primeiramente arrastados pela base, pois estavam mastigados. Mais uma vez, coletei um punhado de pecíolos soltos pelo solo, na proximidade de galerias bem tampadas, onde a superfície estava coberta por uma camada grossa de outros pecíolos aparentemente intocados pelas minhocas. Desses, catorze de 47 (ou seja, quase um terço) haviam sido expelidos das galerias após serem abocanhados na base, encontrando-se então espalhados pelo entorno. Da soma desses fatos podemos concluir que as minhocas arrastam pela base os pecíolos de freixo que servem de alimento e pela ponta aqueles que vão tampar de maneira mais eficiente a entrada de suas galerias.

Os pecíolos da *Robinia pseudo-acacia* variam de cerca de 10 cm ou 13 cm a 30 cm de comprimento. São mais grossos perto da base, antes que as partes tenras apodreçam e caiam, e muito mais finos perto da extremidade superior. São tão flexíveis que pude encontrar alguns dobrados ao meio, assim arrastados para dentro das galerias das minhocas. Infelizmente, esses pecíolos só foram examinados em fevereiro, de modo que as partes mais tenras já haviam apodrecido por completo. Portanto, foi impossível aferir se as minhocas haviam mastigado a base, embora seja improvável que elas o tivessem feito. De 121 pecíolos retirados das galerias no início de fevereiro, 68 haviam sido enterrados a partir da base e 53 pelo ápice. No dia 5 de fevereiro, todos os pecíolos encontrados nos canais sob uma *Robinia pseudo-acacia* foram desenterrados. Após um intervalo de onze dias, 35 pecíolos foram novamente arrastados para dentro, sendo que, destes, dezenove o foram pela base e dezesseis pelo ápice. Tudo somado, 56% dos pecíolos foram arrastados pela base e 44% pelo ápice. Como todas as partes tenras já haviam apodrecido fazia muito tempo, pudemos ter certeza, sobretudo no último exemplo, de que nenhum deles tinha sido arrastado para servir de alimento. Nessa estação, portanto, as minhocas arrastam os pecíolos para dentro das galerias tanto por um lado como por outro, exibindo uma ligeira preferência pela base. Esse último fato pode ser atribuído à dificuldade de vedar uma galeria com objetos tão finos como as extremidades superiores dos pecíolos. Pôde-se notar ainda que a ponta mais fina de sete pecíolos tinha sido previamente quebrada por algum acaso, o que corrobora esse ponto de vista.

TRIÂNGULOS DE PAPEL

Cortamos triângulos alongados num papel de carta de gramatura razoavelmente rígida. Esfregamos gordura crua em ambas as faces dos triângulos, para que não amolecessem quando expostos, durante a noite, à chuva e ao orvalho. As laterais mediam aproximadamente 7,6 cm em todos os triângulos; a base de 120 deles tinha cerca de 2,5 cm, e em outros 183 media pouco menos de 1,3 cm. Esses últimos eram bastante estreitos ou acutângulos.[5] Para controle das observações a serem detalhadas, fizemos o seguinte experimento: triângulos semelhantes porém umedecidos foram presos, por pinças muito finas, em locais diferentes e em todo tipo de inclinação de terreno (em relação às margens), sendo então puxados para dentro de um pequeno tubo do diâmetro de uma galeria de minhoca. Quando preso pelo ápice, o triângulo foi puxado em linha reta para dentro do tubo, e suas laterais curvaram-se sobre ele. Quando preso um pouco abaixo do ápice, a cerca de 1,3 cm, por exemplo, foi essa porção que se dobrou dentro do tubo. O mesmo se deu no caso da base e dos ângulos basais, embora, neste último caso, os triângulos oferecessem, como era de esperar, uma resistência muito maior ao serem puxados para dentro do tubo. Quando preso perto do meio, o triângulo dobrou-se em dois, e o ápice e a base ficaram para fora do tubo. Como as laterais dos triângulos mediam cerca de 7,6 cm, os resultados descritos podem ser divididos por conveniência em três grupos: os que foram puxados pelo ápice ou a menos de 2,5 cm dele; os que foram puxados pela base ou a menos de 2,5 cm dela; e os que foram puxados por qualquer ponto na porção mediana.

Para que pudéssemos observar de que maneira as minhocas apanhariam os triângulos, oferecemos a minhocas mantidas em confinamento alguns deles já umedecidos. Elas apanharam tanto os triângulos mais estreitos como os mais largos de três maneiras diferentes: pela margem; por um dos três ângulos, muitas vezes abocanhando-o por completo; e por sucção aplicada sobre qualquer parte da superfície plana. Se desenharmos duas linhas equidistantes, paralelas à base, em um triângulo de 7,6 cm de altura, e ele for dado às minhocas para que o apanhem livremente, é seguro dizer que elas o apanharão pela base com muito maior frequência do que por qualquer outra das duas porções. A área da base é cinco vezes maior do que a área mais próxima ao ápice. A base oferece dois ângulos e o ápice oferece apenas um, de modo que o primeiro teria uma chance duas vezes maior (independentemente do grau do ângulo) de ser abocanhado pela minhoca. No entanto, é preciso notar que as minhocas não tendem a apanhar o ângulo apical; elas dão preferência às margens a uma pequena distância do ápice, em qualquer um dos lados. É o que pude julgar depois de ver que, em quarenta de 46 casos em que os triângulos foram arrastados para dentro das galerias por sua extremidade apical, a ponta deles se dobrou, dentro da galeria, numa medida que variou de 1,3 mm a 2,5 cm. Por fim, a proporção entre as margens da base e do ápice é de três para dois, no caso dos triângulos largos, e de 2,5 para dois no caso dos mais estreitos. De todas essas considerações, poderíamos imaginar que, ao apanharem os triângulos livremente, as minhocas sem dúvida dariam preferência às partes mais próximas da base do que do ápice para os arrastarem até as galerias; mas veremos em seguida quanto o resultado foi diferente.

    Ao longo de várias noites sucessivas, espalhamos triângulos dos tamanhos mencionados pelo terreno, em diversos locais próximos à entrada das galerias das minhocas, das quais as folhas, pecíolos, gravetos etc. que as tampavam já haviam sido retirados. Ao todo, 303 triângulos foram arrastados pelas minhocas para dentro das galerias; doze outros triângulos foram excluídos da soma porque foram arrastados por dois lados sem que fosse possível saber por qual haviam sido apanhados primeiro. Dos 303, 62% foram arrastados pelo ápice (o termo designa todos aqueles arrastados pela porção apical, de 2,5 cm de comprimento); 15% o foram pelo meio; e 23%, pela base. Se eles tivessem sido arrastados de maneira indiferente por qualquer parte, a proporção entre elas seria de 33,3% cada; mas, como vimos há pouco, o mais esperado seria que elas arrastassem o triângulo com maior frequência pela base. Como observamos agora, os triângulos foram arrastados pelo ápice quase três vezes mais do que pela base. Se considerarmos isoladamente os triângulos largos, 59% deles foram arrastados pelo ápice, 25% pelo meio e 16% pela base; de modo que os que foram arrastados pelo ápice somam mais de três vezes o total dos que o foram pela base. Podemos assim concluir que a maneira pela qual os triângulos são arrastados para as galerias não se deve meramente ao acaso.

Em oito casos, as minhocas arrastaram dois triângulos para dentro da mesma galeria; em sete casos, elas o fizeram alternadamente: um triângulo arrastado pelo ápice e o outro, pela base. Novamente, isso mostra que o resultado não é fruto do acaso. As minhocas parecem às vezes se revirar no ato de arrastar os triângulos, pois cinco ou seis deles formaram espirais irregulares dentro das galerias. As minhocas mantidas num cômodo aquecido arrastaram 63 triângulos para dentro das galerias; mas, assim como aconteceu no caso das folhas de pinheiro, elas trabalharam de maneira um tanto descuidada, pois apenas 44% foram arrastados pelo ápice, 22% pelo meio e 33% pela base. Em cinco casos, dois triângulos foram arrastados para a mesma galeria.

É bastante plausível que essa grande proporção de triângulos tenha sido arrastada pelo ápice não porque as minhocas tivessem selecionado essa extremidade como a mais conveniente para esse propósito, mas sim por terem tentado primeiro de outras maneiras e não conseguido. Essa ideia pareceu ainda mais possível devido à maneira como as minhocas em confinamento foram vistas arrastando e soltando os triângulos; mas, naquela ocasião, elas estavam trabalhando sem o devido cuidado. A princípio, não percebi a importância desse tópico, apenas notei que a base dos triângulos que haviam sido arrastados pelo ápice encontrava-se geralmente limpa e não amassada. A questão foi depois analisada minuciosamente. Primeiro, vários triângulos que haviam sido arrastados pelos ângulos da base, pela base ou um pouco acima da base e que se encontravam, portanto, bastante amassados e sujos, foram mantidos por algumas horas submersos em água, sendo chacoalhados muitas vezes enquanto submersos; mas nem a sujeira saiu nem os vincos se desfizeram. Apenas alguns vincos mais suaves puderam ser alisados quando puxei várias vezes os triângulos molhados por entre meus dedos. Não foi fácil remover a sujeira devido à viscosidade do corpo das minhocas. Podemos assim concluir que, quando um triângulo é arrastado primeiro pela base e depois pelo ápice, ainda que seja com uma força mínima, a base permanece suja e amassada por muito tempo. Observamos o estado de 89 triângulos (65 estreitos e 24 largos) que haviam sido arrastados pelo ápice; e a base de apenas sete deles estava amassada, ainda que a maioria deles estivesse suja. Dos 82 triângulos não amassados, catorze estavam sujos na base; mas disso não se pode depreender que esses triângulos tenham sido primeiro arrastados pela base, pois às vezes as minhocas cobrem grandes porções dos triângulos com sua viscosidade, o que sujaria também os triângulos arrastados pelo ápice; em épocas de chuva, os triângulos muitas vezes se sujavam por completo numa face ou nas duas. Se as minhocas arrastassem os triângulos pela base na mesma frequência que o fazem pelo ápice e percebessem, ainda que não entrassem nas galerias com eles, que a extremidade mais larga não serve bem a esse propósito, mesmo assim uma quantidade grande deles acabaria com a base suja. Podemos então inferir — por mais improvável que seja essa inferência — que as minhocas são de algum modo capazes de julgar qual é a melhor extremidade para arrastar os triângulos de papel para dentro das galerias.

É possível resumir do seguinte modo as porcentagens dos resultados das observações descritas acima, sobre a maneira pela qual as minhocas arrastam diferentes objetos para dentro das galerias:

Natureza do objeto	Arrastado para a galeria pelo ápice ou próximo ao ápice	Arrastado pelo meio ou próximo ao meio	Arrastado pela base ou próximo à base
Folhas de diferentes tipos...	80	11	9
de limoeiro; margem basal da lâmina larga, ápice acuminado	79	17	4
de laburno; base da lâmina tão estreita ou às vezes mais estreita que o ápice	63	10	27
de rododendro; base das lâminas frequentemente mais estreita do que o ápice	34	—	66
de pinheiro; formadas por duas agulhas unidas na base	—	—	100

Natureza do objeto	Arrastado para a galeria pelo ápice ou próximo ao ápice	Arrastado pelo meio ou próximo ao meio	Arrastado pela base ou próximo à base
Pecíolos de *Clematis*; consideravelmente mais afiados no ápice e suaves na base	76	—	24
de freixo; a base grossa serve muitas vezes de alimento	48,5	—	51,5
de *Robinia*; extremamente finos, sobretudo quando próximo ao ápice, portanto de pouca serventia para tampar a galeria	44	—	56
Triângulos de papel, de ambos os tamanhos	62	15	23
apenas do tamanho mais largo	59	25	16
apenas do tamanho mais estreito	65	14	21

Se considerarmos esses diferentes casos, dificilmente escaparemos à conclusão de que, pela maneira como tampam as galerias, as minhocas exibem algum grau de inteligência. Cada objeto particular é apanhado de maneira uniforme e por motivos que, de modo geral, são compreensíveis para nós; não podemos atribuir isso somente a um mero acaso. Que os objetos não tenham sido arrastados pelo lado pontiagudo se deve à economia de esforço em comparação a inseri-los pela extremidade mais larga. Sem dúvida, as minhocas são guiadas pelo instinto quando tampam as galerias; e poderíamos imaginar que são guiadas pelo instinto na hora de agir da melhor maneira em cada caso particular, independentemente da inteligência. Vemos como é difícil avaliar se há ou não participação da inteligência, pois até as plantas podem às vezes parecer guiadas por algo dessa ordem — por exemplo, quando folhas deslocadas de um lugar redirecionam sua face superior em direção à luz por meio de movimentos extremamente complicados, mas que encontram o caminho mais curto. No caso dos animais, ações que parecem devidas à inteligência podem ser realizadas sem qualquer inteligência, apenas por hábito herdado, embora tenham sido originalmente adquiridas por meio dela. Ou então o hábito foi adquirido por preservação e herança das variações benéficas de algum outro hábito; nesse caso, o hábito novo terá sido adquirido sem depender da inteligência em qualquer etapa de seu desenvolvimento. Não é a priori improvável que as minhocas tenham adquirido instintos especiais dessas duas últimas maneiras. No entanto, não podemos crer que tais instintos tenham se desenvolvido em relação a objetos — como as folhas ou os pecíolos de plantas exógenas — completamente desconhecidos dos progenitores das minhocas que agem conforme já descrito. E suas ações tampouco são invariáveis ou inevitáveis, como a maioria dos instintos verdadeiros.

Visto que as minhocas não são guiadas por instintos especiais para cada situação, embora possuam o instinto geral de tampar as galerias, e visto que o acaso foi excluído, a conclusão a que logo se chega é que elas tentam de muitas maneiras diferentes arrastar os objetos, até enfim conseguir. Mas é surpreendente que um animal tão baixo na escala, como é a minhoca, seja capaz de agir assim, quando muitos animais superiores não o são. Por exemplo, as formigas podem ser vistas tentando arrastar em vão um objeto na transversal de seu percurso, quando poderiam levá-lo com maior facilidade na longitudinal. É verdade que, passado algum tempo, elas costumam agir com mais sabedoria. O sr. Fabre[6] afirma que a vespa do gênero *Sphex* — inseto que pertence à mesma ordem das formigas, de aptidões elevadas — armazena em seus ninhos grilos paralisados, que ela invariavelmente arrasta pelas antenas. Quando ocorreu de as antenas estarem decepadas próximo à cabeça, a vespa apanhou o grilo pelos palpos; mas, quando também estes foram cortados, ela se angustiou e desistiu de fazer novas investidas. A vespa não teve inteligência bastante para apanhar uma das seis pernas do grilo, nem seu órgão ovipositor, que, como afirma o sr. Fabre, teriam sido igualmente utilizáveis. Assim acontece também se retirarmos do ninho a presa paralisada, com seu ovo ainda preso a ela, e a vespa então entrar e encontrar o ninho vazio: ela o fechará da maneira mais habitual e elaborada. Em suas tentativas de fuga, as abelhas passam horas zumbindo diante de uma janela, ainda que metade dela tenha sido deixada aberta. Até mesmo um peixe lúcio passou três meses se lançando e se contundindo contra as paredes de um aquário, tentando em vão apanhar os pequenos peixes do outro lado.[7] Uma cobra-capelo foi vista pelo sr. Layard[8] agindo com muito mais sabedoria do que o lúcio e a vespa: ela abocanhou um sapo que estava num buraco e não conseguiu sair dele depois. O sapo foi regurgitado e já se afastava devagar quando foi novamente abocanhado e novamente regurgitado; por fim, a cobra aprendeu com a experiência, pois apanhou o sapo por uma das pernas e o arrastou para fora do buraco. Até os animais mais elevados muitas vezes obedecem aos próprios instintos de forma insensata ou sem propósito: o pássaro tecelão continua tecendo fios nas barras de sua gaiola, persistente como se estivesse construindo um ninho; o esquilo dá leves batidas nas nozes sobre o assoalho de madeira, como se estivesse amontoando terra sobre elas; o castor corta lenha e a leva consigo mesmo quando não há água para represar; e assim por diante, em muitos outros casos.

O sr. Romanes, que se dedicou ao estudo específico da mente dos animais, acredita que se pode inferir com segurança que somente há inteligência quando vemos um indivíduo se beneficiar da própria experiência.* Por esse parâmetro, a cobra mostrou ter alguma inteligência, mas esta seria muito mais evidente se ela tivesse arrastado o sapo para fora do buraco pela perna já na segunda ocasião. A vespa falhou nitidamente nesse quesito. Agora, se as minhocas tentam arrastar objetos para dentro das galerias primeiro de um modo e depois de outro, até enfim conseguir, elas se beneficiam da experiência, ainda que ela tenha que se dar novamente a cada vez.

Mas novas provas têm mostrado que as minhocas não têm o hábito de tentar maneiras diferentes de arrastar objetos para suas galerias. Por sua maleabilidade, folhas de limoeiro semidecompostas puderam ser arrastadas pelas partes média ou basal, e assim o foram em quantidades consideráveis; no entanto, a grande maioria foi arrastada pelo ápice ou próximo a ele. Os pecíolos de *Clematis* certamente poderiam ter sido arrastados

---

* George John Romanes (1848-94), fisiologista canadense e o mais jovem colaborador científico de Darwin, interessado em estabelecer bases de comparação entre a consciência humana e a animal. A correspondência entre os dois foi profícua, e em 1881 Darwin enviou a Romanes uma cópia manuscrita de *Minhocas*, com uma carta em que dizia: "Tentei observar o que acontecia em minha mente enquanto eu me dedicava a realizar o trabalho de uma minhoca. Se algum dia eu topar com um metafísico profissional, vou tratar de pedir a ele uma definição mais técnica, feita de palavras grandes, que trate do abstrato e do concreto, do absoluto e do infinito. Estou falando sério — qualquer sugestão me ajudaria; porque não podemos pressupor que qualquer palhaço sabe o que significa 'inteligência'". (7 mar. 1881, disponível no site Darwin Correspondence Project.)

pela base ou pelo ápice com igual facilidade; no entanto, foram arrastados pelo ápice três vezes mais do que pela base, e, em alguns casos, cinco vezes mais. Poderíamos supor que o pecíolo seria tentador para as minhocas, sendo uma alça conveniente; mas são pouco usados, exceto quando a base da lâmina é mais estreita do que o ápice. Grande quantidade de pecíolos de freixo é arrastada pela base; mas é essa a parte que serve de alimento às minhocas. Quanto às folhas de pinheiro, é evidente que as minhocas não as apanham ao mero acaso; no entanto, suas escolhas não parecem ser determinadas pelo formato divergente das duas agulhas, o que tornaria vantajoso ou necessário arrastá-las pela base. Em relação aos triângulos de papel, os que foram arrastados pelo ápice raras vezes exibiam base suja ou amassada, o que mostra que as minhocas não fizeram muitas tentativas de arrastá-los primeiro por essa extremidade.

Se as minhocas conseguem julgar qual é a melhor maneira de arrastar um objeto em direção a suas galerias, seja depois ou antes de realizar a ação, é porque têm alguma noção do formato geral dele. Isso elas provavelmente adquirem ao tocá-lo em diferentes pontos com a extremidade anterior do corpo, que serve de órgão tátil. Cabe lembrarmos como se torna refinado o tato dos homens que, como as minhocas, são cegos e surdos de nascença. Se as minhocas forem capazes de adquirir uma noção, por mais grosseira que seja, do formato dos objetos e das galerias, como parece ser o caso, elas merecem ser consideradas inteligentes; pois agem quase como os homens agiriam sob circunstâncias semelhantes.

Para concluir, já que o acaso não determina a maneira como os objetos são arrastados para as galerias, e já que não se pode admitir a existência de instintos especializados para cada objeto, o mais natural e imediato seria supor que as minhocas testam todos os métodos até enfim obter sucesso; mas muito do que se observou contradisse essa suposição. Resta apenas uma alternativa, a de que as minhocas, embora pertençam a um nível baixo na escala da organização dos seres vivos, têm algum grau de inteligência. Todos acharão isso improvável. Mas vale a pergunta: será que conhecemos bem o suficiente o sistema nervoso dos animais inferiores, a ponto de podermos justificar nossa desconfiança natural diante de tal conclusão? No que diz respeito ao tamanho dos gânglios cerebrais, devemos recordar o montante de conhecimento herdado, e a eventual capacidade de adaptação dos meios aos fins, que cabe no diminuto cérebro da formiga operária.

MANEIRAS PELAS QUAIS AS MINHOCAS CAVAM AS GALERIAS

Elas o fazem de duas formas: empurrando a terra para fora, em todas as direções, ou engolindo-a. No primeiro caso, a minhoca insere a extremidade anterior do corpo, esticada e afinada, em qualquer pequena fresta ou buraco; e então, como observa Perrier,[9] a faringe se projeta para dentro dessa abertura e se intumesce; ao fazê-lo, abre um caminho na terra em todas as direções. A extremidade anterior funciona, portanto, como uma cunha. Ela também serve, como vimos, para apreensão e sucção, e é um órgão tátil. Uma minhoca foi colocada sobre terra fofa e levou entre dois e três minutos para se enterrar. Em outra ocasião, quatro minhocas desapareceram em quinze minutos entre as laterais do vaso e a terra, que estava moderadamente compactada. Numa terceira ocasião, três minhocas grandes e uma pequena foram colocadas sobre uma terra fofa que havia sido misturada com areia fina e firmemente compactada, e em 35 minutos todas desapareceram, com exceção do rabo de uma delas. Numa quarta ocasião, seis minhocas grandes foram colocadas sobre uma lama argilosa misturada com areia e firmemente compactada, e em quarenta minutos todas desapareceram, com exceção da ponta do rabo de duas delas. Em nenhum desses casos, até onde se pôde observar, elas engoliram a terra. De modo geral, entraram pela beirada da terra em contato com a lateral do vaso.

Em seguida, preenchemos um vaso com areia ferruginosa, que então foi aplainada e regada em abundância, tornando-se assim extremamente compactada. Uma minhoca grande, colocada na superfície, não obteve sucesso ao tentar penetrá-la no curso de algumas horas; só conseguiu se enterrar por completo após 25 horas e 40 minutos. Para fazê-lo, ela engoliu a areia, como ficou visível pela grande quantidade de dejetos evacuados, muito antes do corpo inteiro desaparecer. Ao longo do dia seguinte, dejetos de natureza similar continuaram sendo expelidos da galeria.

Como alguns autores questionaram se as minhocas engolem a terra apenas para abrir as galerias, podemos oferecer mais alguns exemplos. Um montante de areia fina e avermelhada, de cerca de 58,5 cm de profundidade, foi deixado no chão por quase dois anos, e as minhocas o penetraram em diversos pontos; seus dejetos consistiam em partes de areia avermelhada e partes da terra preta que havia por baixo desse montante. A areia havia sido retirada de uma escavação profunda e era de natureza tão pobre que nem as ervas daninhas conseguiam crescer nela. É, portanto, muito pouco provável que as minhocas a engolissem como alimento. Outra vez, num campo perto de minha casa, os dejetos frequentemente eram compostos do giz puro que se encontra logo abaixo da superfície do solo; e assim, novamente, é muito improvável que o giz fosse engolido em função dos pouquíssimos materiais orgânicos que o poderiam ter infiltrado, vindos do pasto pobre acima dele. Por último, o dejeto expelido por entre o concreto e a argamassa apodrecida no meio dos azulejos que antigamente pavimentavam o corredor da Abadia de Beaulieu, hoje em ruínas, foi lavado, de modo a sobrarem somente os materiais mais grosseiros: grãos de quartzo, xisto, outras rochas e lascas de tijolos ou azulejos, muitas das quais tinham entre 1,3 mm e 2,5 mm de diâmetro. Ninguém poderá supor que esses fragmentos tenham sido engolidos como alimento, e no entanto eles compunham mais de metade do dejeto, pesando 1,2 g, quando o dejeto total pesava 2,1 g. Toda vez que uma minhoca cava na profundidade de alguns metros para dentro de um solo compactado, que não foi revolvido, ela necessariamente abre caminho engolindo a terra; pois é difícil crer que o chão cederia em todas direções à pressão da faringe quando projetada para a frente no interior do corpo do animal.

Parece-me certo que as minhocas engolem grande quantidade de terra com o propósito de extrair a matéria nutritiva que ela pode conter, e não para abrir suas galerias. Mas como essa velha crença foi posta em dúvida por uma autoridade tão inegável como Claparède, será preciso avaliá-la em detalhes. Não há nada a priori que diga que essa crença é inverossímil, pois, além de haver outros anelídeos (em particular a *Arenicola marina*) que expelem uma profusão de dejetos em nossas praias arenosas e que, cremos, delas subsistem, existem outros animais pertencentes às mais diferentes classes que não cavam galerias e que, no entanto, engolem regularmente grandes quantidades de areia (por exemplo, os moluscos do gênero *Onchidium* e muitos equinodermos).[10]

Se a terra fosse engolida apenas quando as minhocas abrissem novas galerias ou aprofundassem as antigas, os dejetos viriam à superfície também ocasionalmente; mas em toda parte surgem novos dejetos pela manhã, e a quantidade de terra expelida da mesma galeria, dia após dia, é grande. No entanto, as minhocas não escavam até muito fundo, exceto quando o clima está muito seco ou extremamente frio. No meu quintal, a terra preta vegetal tem cerca de 13 cm de espessura e cobre camadas de terra branca ou argilosa e avermelhada. Mas, quando os dejetos são lançados à superfície em grande quantidade, apenas uma pequena proporção exibe a cor clara, e é difícil crer que as minhocas façam novas galerias na camada superficial de humo escuro, em todas as direções e diariamente, a menos que disso obtenham algum tipo de nutrição. Observei um caso perfeitamente análogo num campo perto da minha casa, onde há argila vermelha bem próximo à superfície. Novamente, numa parte dos morros na região de Winchester, viu-se que a terra vegetal sobre o giz possuía entre 7,6 cm e pouco mais de 10 cm de espessura. E os dejetos então expelidos eram pretos como nanquim e não eferveceram em contato com ácidos; portanto, as minhocas devem ter se restringido a essa fina camada superficial de terra, engolindo grandes quantidades dela diariamente. Em outro local, não muito longe dali, os dejetos eram brancos; e por que razão as minhocas cavaram no giz em alguns lugares e não em outros sou incapaz de conjecturar.

Duas grandes pilhas de folhas foram deixadas no meu terreno, apodrecendo. Meses após sua retirada, a superfície desnudada, de alguns metros de diâmetro, ficou de tal modo encoberta de dejetos que eles formavam uma camada grossa praticamente contínua, que permaneceu por muitos meses. A maior parte das minhocas que habitou aí deve ter sobrevivido à base da matéria nutritiva contida na terra preta.

A camada inferior de outra pilha de folhas decompostas misturadas a um pouco de terra foi examinada sob uma poderosa lente de aumento, e o número de esporos que se encontrou, de formatos e tamanhos variados, foi surpreendentemente grande. As minhocas, ao triturarem esses esporos em sua moela, podem em boa medida se sustentar a partir deles. Quando os dejetos são expelidos em grandes quantidades, quase nenhuma folha, ou de fato nenhuma, é arrastada para dentro das galerias. Ao longo de algumas semanas no outono, observamos diariamente o gramado junto a uma cerca viva de mais ou menos 180 m de extensão. Todos os dias pela manhã, víamos novos dejetos; mas nenhuma folha era arrastada para as galerias. Pelo tom escuro dos dejetos e pela natureza do subsolo, não era possível que tivessem sido produzidos a mais do que 15 cm ou 20 cm de profundidade. Do que mais essas minhocas poderiam ter se alimentado senão de terra preta? Por outro lado, toda vez que uma grande quantidade de folhas é arrastada para dentro das galerias, as minhocas parecem se alimentar principalmente delas, pois nesse caso poucos dejetos são expelidos na superfície. Essas diferenças no comportamento das minhocas, a depender do momento, talvez esclareçam uma afirmação de Claparède segundo a qual sempre se podem encontrar folhas trituradas e terra em pontos variados do intestino das minhocas.

Por vezes, as minhocas são abundantes em lugares onde dificilmente ou nunca obtêm folhas, secas ou vivas. Por exemplo, sob o cimento de pátios varridos sempre, onde raras vezes caem folhas. Meu filho Horace examinou uma casa onde o piso havia afundado num dos cantos, e no porão, que era extremamente úmido, ele encontrou pequenos dejetos de minhoca em toda parte, em meio às pedras que costumavam pavimentar o piso. Nesse caso, é improvável que as minhocas tenham obtido folhas em qualquer momento.

Mas as melhores provas que conheço de minhocas que sobrevivem longos períodos à base apenas da matéria orgânica contida na terra é fornecida pelos fatos que o dr. King me comunicou. Próximo a Nice, pode-se encontrar uma abundância de dejetos de grande tamanho e em quantidades extraordinárias, de tal maneira que muitas vezes encontrávamos cinco ou seis no espaço de cerca de 30 cm². Eles consistiam em terra fina e branca, composta de matéria calcária que atravessou o corpo das minhocas, e, uma vez secos, ficaram extremamente duros. Tenho motivos para crer que esses dejetos provêm de uma espécie de *Perichaeta* que se naturalizou aqui mas veio do Oriente.[11] Eles se amontoam

Figura 2. Dejeto em formato de torre, dos arredores de Nice, composto de terra vegetal provavelmente evacuada por uma minhoca *Perichaeta*. Desenho em tamanho real, feito a partir de uma fotografia.

como torres (fig. 2), com o topo um pouco mais amplo que a base, chegando algumas vezes a uma altura de 7,6 cm, mas tendo mais frequentemente cerca de 6,3 cm.

A mais alta das que foram medidas chegava a 8,4 cm de altura e 2,5 cm de diâmetro. Uma pequena passagem cilíndrica atravessa o centro de cada torre, e é por meio dela que a minhoca sobe para expelir a terra que engole, aumentando, assim, a altura da torre. Uma estrutura como essa não permitiria que arrastassem com facilidade as folhas do terreno contíguo para dentro das galerias. O dr. King, que as observou com zelo, jamais viu nem sequer um pedaço de folha sendo arrastado. Tampouco foram encontrados indícios de que as minhocas escorregassem pelas superfícies externas das torres em busca de folhas; se acaso elas o tivessem feito, seria extremamente provável que tivessem deixado rastros sobre a parte superior da torre enquanto ela secava. Não se pode, no entanto, concluir que essas minhocas não arrastam folhas para suas galerias em outras estações do ano, quando não estão construindo torres.

A partir dos casos mencionados, não restam dúvidas de que as minhocas engolem terra não apenas para produzir suas galerias, mas também para obter alimento. Hensen, no entanto, conclui, a partir de análises de humo, que as minhocas não poderiam sobreviver a partir de uma terra vegetal qualquer, embora ele aceite que elas possam se nutrir até certo ponto de folhas em decomposição.[12] Vimos que as minhocas devoram com avidez carne crua, gordura e minhocas mortas; e qualquer terra comum há de ter ovos, larvas e pequenas criaturas, sejam elas vivas ou não, além de esporos das plantas criptogâmicas e *Micrococci*, como aqueles que dão origem ao salitre. Esses vários organismos, unidos ao que resta de celulose das folhas e raízes que não estão totalmente decompostas, podem muito bem ser o motivo pelo qual as minhocas engolem tamanhas quantidades de terra. Aqui, vale lembrar o fato de que certas espécies de *Urticularia*, que crescem nas zonas úmidas dos trópicos, possuem uma bexiga belamente construída para capturar pequenos animais subterrâneos. Esses mecanismos não teriam se desenvolvido se não fosse pelos inúmeros animais pequenos que habitam esses solos.

A PROFUNDIDADE A QUE AS MINHOCAS CAVAM, E A CONSTRUÇÃO DAS GALERIAS

Embora as minhocas tendam a viver próximo à superfície, elas cavam até uma grande profundidade quando o clima permanece seco ou extremamente frio por muito tempo. Na Escandinávia, segundo Eisen, e na Escócia, segundo o sr. Lindsay Carnagie, as galerias chegam a uma profundidade de 2,1 m a 2,4 m. No norte da Alemanha, segundo Hoffmeister, elas têm de 1,8 m a 2,4 m, mas Hensen afirma serem de 0,9 m a 1,8 m. Foi também Hensen quem viu minhocas congeladas à distância de 45 cm da superfície. Pessoalmente, não tive muitas oportunidades para observar tais fatos, mas muitas vezes encontrei minhocas a 90 cm ou 1,2 m de profundidade. Num canteiro de areia fina sobre a camada de giz jamais perturbado, uma minhoca foi cortada ao meio a uma profundidade de 1,4 m e outra foi encontrada em dezembro, no fundo da galeria, a 1,5 m de profundidade. Por fim, na terra próxima a uma velha casa romana, que passou séculos sem nenhuma perturbação, uma minhoca foi vista a uma profundidade de 1,7 m, e isso em pleno verão, no meio de agosto.

 As galerias correm perpendiculares para dentro da terra, ou, no mais das vezes, um pouco na diagonal. Já se afirmou que elas podem se ramificar, mas até onde pude observar, isso só ocorre próximo à superfície em terrenos que foram escavados há pouco. Elas são — geralmente ou, como acredito, invariavelmente — forradas com uma leve camada de terra escura e fina, expelida pelas minhocas; assim, as galerias devem ter um diâmetro ligeiramente maior do que possuem em seu estado final. Encontrei diversas galerias na areia intocada a uma profundidade de quase 1,4 m, e todas eram forradas assim. E outras, mais próximas à superfície, num terreno recém-escavado, também forradas. As paredes internas de galerias novas costumam ser pontilhadas de pequenos glóbulos de terra expelida pelas minhocas, ainda moles e viscosos. Ao que parece, são espalhados por todos os lados à medida que a minhoca viaja de um lado para o outro da galeria. Dessa maneira, o forro das galerias fica extremamente compacto e liso quando está praticamente seco, e bem ajustado ao corpo da minhoca. As pequenas cerdas curvas projetadas em fileiras por todos os lados do corpo da minhoca encontram, assim, excelentes pontos para se apoiar; a galeria se torna então bastante adaptada para o movimento ágil do animal. O forro também parece fortalecer as paredes, e talvez evite que o corpo da minhoca seja arranhado. É o que creio, pois as diversas galerias que cortavam por dentro uma camada de 3,8 cm de carvão moído, disposto sobre um gramado, tinham um forro excepcionalmente espesso. Nesse caso, a julgar pelos dejetos, as minhocas haviam empurrado o carvão em todas as direções, mas sem o ingerir. Em outro local, havia galerias forradas de maneira semelhante que atravessavam uma camada grossa de carvão, de 8,9 cm de espessura. Vemos, assim, que as galerias não são meras escavações, mas podem ser comparadas com túneis fortificados com paredes de cimento.

Além disso, a entrada das galerias costuma ser forrada com folhas; esse é um instinto diferente daquele de as tampar, e não parece ter sido notado anteriormente. Várias folhas de pinheiro-de-casquinha (*Pinus sylvestris*) foram oferecidas a minhocas mantidas confinadas em dois vasos; após algumas semanas, a terra foi suavemente sacudida, de modo a revelar que as porções superiores de três galerias diagonais estavam forradas de pedaços de folhas de pinheiro, que cobriam extensões de 18 cm, 10 cm e 8,9 cm. Além dessas, havia fragmentos de outras folhas que também tinham sido oferecidos às minhocas como alimento. Contas de vidro e pedaços de telha, que haviam sido espalhados pela superfície do terreno, foram cravados nos intervalos entre as folhas de pinheiro; e esses intervalos foram igualmente revestidos pelos dejetos viscosos que as minhocas evacuam. As estruturas assim formadas endureceram a tal ponto que eu só fui capaz de retirar uma delas, que tinha pouca terra aderida. Consistia num invólucro cilíndrico e curvo, e seu interior podia ser visto através de furos em ambas as extremidades. Todas as folhas de pinheiro haviam sido arrastadas pela base; e a ponta das agulhas ficou prensada no forro formado pela terra evacuada. Se acaso isso não tivesse sido bem realizado, as pontas afiadas teriam impedido as minhocas de se retirar para suas galerias; e essas estruturas acabariam semelhantes a armadilhas munidas de pontas de arame convergentes, que permitem a fácil entrada de um animal enquanto dificultam ou impossibilitam sua saída. A habilidade que essas minhocas exibem é notável, ainda mais se considerarmos que o pinheiro-de-casquinha não é nativo desse distrito.

Depois de examinar essas galerias feitas pelas minhocas em confinamento, investiguei as que havia num canteiro de flores próximo a alguns pinheiros-de-casquinha. Todas estavam tampadas da maneira habitual, com as folhas dessas árvores arrastadas até uma profundidade de 2,5 cm a 3,8 cm. Mas também a entrada das galerias estava forrada com elas, misturadas a fragmentos de outras folhas, até uma profundidade de 10,1 cm a 12,7 cm. Como dito anteriormente, as minhocas muitas vezes se mantêm próximas à entrada das galerias, aparentemente em busca de calor. A estrutura de cesta que formam com as folhas poderia manter seu corpo protegido do contato direto com a terra úmida e fria. É provável que elas tenham o hábito de descansar sobre as folhas dos pinheiros, pois pudemos observar que eles se encontravam limpos e quase polidos.

As galerias que correm até muito fundo no solo costumam, de modo geral ou em boa parte dos casos, terminar num pequeno alargamento, ou câmara. É aqui que, segundo Hoffmeister, uma ou mais minhocas passam o inverno enroladas, formando uma bola. O sr. Lindsay Carnagie me informa (1838) que examinou muitas galerias numa pedreira na Escócia, das quais se havia recém-retirado a camada superficial de argila e terra, deixando à vista um pequeno penhasco vertical. Em diversos casos, uma mesma galeria aumentava de tamanho em dois ou três pontos, alinhados na vertical; e todas as galerias terminavam numa câmara razoavelmente espaçosa, a uma profundidade de 2,1 m ou 2,4 m da superfície. Essas câmaras continham vários fragmentos afiados de pedra e de casca de linhaça. Também deviam conter sementes vivas, porque na primavera seguinte o sr. Carnagie viu folhas de capim brotarem de dentro das câmaras interceptadas. Em Abinger, Surrey, encontrei duas galerias que terminavam em câmaras semelhantes, a uma profundidade de 91,4 cm e 104,1 cm. Estavam forradas de pequenos pedregulhos do tamanho de uma semente de mostarda. Numa das câmaras havia um grão de aveia apodrecido, ainda dentro da casca. Hensen também afirma que o fundo das galerias é forrado por pequenas pedras; e onde elas não estavam disponíveis utilizaram-se sementes, aparentemente de pera. Cerca de quinze dessas sementes foram arrastadas para dentro de uma mesma galeria, e uma delas germinou.[13] Assim, podemos ver como seria fácil para um botânico se enganar ao tentar averiguar o tempo que uma semente enterrada a uma distância profunda pode permanecer viva — se esse botânico coletasse uma amostra de terra razoavelmente profunda, imaginando que ela contivesse apenas sementes há muito enterradas. É provável que as pedrinhas, bem como as sementes, sejam carregadas desde a superfície depois de engolidas pelas minhocas; pois uma quantidade surpreendente de contas de vidro, pedaços de telha e vidro foi apanhada assim pelas minhocas mantidas em vasos; mas alguns desses ainda podem ter sido carregados dentro da boca delas. A única conjectura que consigo formular de por que as minhocas forram seus aposentos de inverno com pedrinhas e sementes é a de que elas buscam evitar que seu corpo enrolado entre em contato direto com o solo frio; esse contato talvez interfira na respiração que efetuam somente através da pele.

Após engolir a terra, seja para se alimentar, seja para construir a galeria, a minhoca logo sobe à superfície para se aliviar. A terra evacuada fica perfeitamente misturada às secreções intestinais da minhoca, tornando-se, portanto, viscosa. Uma vez seca, ela endurece. Observei minhocas no ato de evacuação, e quando a terra se encontrava em estado bastante líquido ela era expelida em pequenos jatos; quando menos líquida, num movimento peristáltico lento. A minhoca não espalha a terra por qualquer lugar, sem consideração; há um certo cuidado em escolher primeiro um lado, depois o outro; o rabo é empregado quase como uma espátula. Tão logo um montinho se forma, a minhoca parece evitar — por questões de segurança — projetar o rabo para fora; e a matéria terrosa é empurrada para cima, por dentro da massa mole previamente depositada. A entrada de uma mesma galeria é utilizada para esse fim durante um período considerável. No caso dos dejetos em formato de torre (ver fig. 2, p. 75) próximos a Nice, e das torres semelhantes, embora ainda mais altas, de Bengala (a serem descritas e ilustradas em breve), elas exibem um nível de habilidade elevado para a construção. O dr. King também notou que a passagem por dentro dessas torres raramente se dava na continuidade exata das galerias subterrâneas adjacentes, de modo que não se pode atravessar com um pequeno objeto cilíndrico, como uma palha de grama, da torre à galeria. Essa mudança de direção provavelmente serve a alguma finalidade de proteção. Quando uma minhoca sobe à superfície para expelir a terra, seu rabo se projeta; mas, quando ela apanha folhas, é sua cabeça que aparece primeiro. Portanto, as minhocas devem ser capazes de mudar de direção no interior de suas galerias apertadas. A nosso ver, essa não seria uma tarefa fácil.

As minhocas nem sempre expelem seus dejetos na superfície do chão. Quando encontram alguma cavidade, como ao se entocar numa terra recém-revolvida, ou em meio aos caules de plantas amontoadas, é lá que deixam seus dejetos. Ou, ainda, a depressão sob alguma pedra grande, sulcada no chão, é rapidamente preenchida de dejetos. Segundo Hensen, com frequência as galerias abandonadas também servem a esse propósito; mas até onde pude descobrir por experiência própria, não foi esse o caso, exceto quando as galerias estavam próximas à superfície e num terreno recentemente revolvido. Acredito que Hensen possa ter se confundido com as paredes internas das velhas galerias forradas de terra preta, que afundaram ou colapsaram; pois permanecem ranhuras pretas, que são facilmente discerníveis em contraste com solos mais claros e podem ser tomadas por engano como canais de galerias totalmente preenchidos.

É certo que galerias antigas colapsam com o passar do tempo; como veremos no capítulo a seguir, a terra fina evacuada pelas minhocas, se espalhada uniformemente durante um ano, formaria uma camada de 5 mm de espessura em vários pontos. Assim sendo, as minhocas não depositam tamanha quantidade apenas dentro das velhas galerias abandonadas, a qualquer ritmo que seja. Se as galerias não entrassem em colapso, todo o terreno seria completamente esburacado até mais ou menos

25 cm abaixo da superfície. Em cinquenta anos, haveria um espaço oco, insustentável, em toda essa extensão. Os buracos deixados pelo apodrecimento sucessivo de raízes de árvores e plantas também provocam colapsos com o tempo.

As galerias das minhocas se espraiam perpendicularmente umas às outras ou ligeiramente na diagonal. Quando acontece de o solo ser argiloso, é evidente que, em épocas de muitas chuvas, as paredes começam a deslizar ou se fundir. Quando, no entanto, o solo é arenoso ou formado por inúmeras pequenas pedras, é muito difícil que ele se torne viscoso o bastante para desmanchar as galerias, ainda que chova muito; mas, nesse caso, outro agente pode surgir. Após chuvas intensas, a terra incha e, como não pode se expandir para as laterais, é a superfície dela que sobe. Na época de seca, afunda novamente. Por exemplo: uma pedra grande e chata deixada na superfície de um campo afundado 3,33 mm quando o clima estava seco, entre 9 de maio e 13 de junho, subiu 1,9 mm entre os dias 7 e 19 de setembro devido às chuvas que caíram na parte final desse período. Essas observações foram feitas por meu filho Horace, que em breve publicará um relato dos movimentos dessa pedra durante períodos sucessivos de seca e chuva, e das consequências das escavações das minhocas debaixo dela. Ora, quando a terra incha, se ela estiver perfurada por buracos cilíndricos como os das galerias das minhocas, suas paredes tenderão a ceder. Nas seções mais profundas, supondo que a terra seja umedecida por igual, a pressão será ainda maior do que próximo à superfície, devido ao acúmulo de peso das camadas superiores de terra, que certamente será elevado. Quando a terra seca, as paredes encolhem um tanto, e as galerias se alargam. Esse alargamento, porém, dado pela contração lateral do solo, não será favorecido, mas, pelo contrário, sofrerá com o peso das camadas superiores de terra.

A DISTRIBUIÇÃO DAS MINHOCAS

As minhocas terrestres podem ser encontradas em todas as partes do mundo, e alguns gêneros têm alcance enorme.[14] Elas vivem nas mais isoladas ilhas; são abundantes na Islândia, e sua presença é relatada nas Antilhas, em Santa Helena, Madagascar, Nova Caledônia e Taiti. Na região antártica, Ray Lankester descreveu minhocas nas ilhas Kerguelen; eu as encontrei nas ilhas Malvinas. Como conseguiram alcançar locais tão remotos é algo que até hoje ninguém compreende. A água salina pode facilmente matá-las, e não parece provável que as minhocas jovens ou as cápsulas de seus ovos fossem carregadas dentro da terra, aderidas aos pés ou ao bico de aves continentais. Ademais, as ilhas Kerguelen não são habitadas por aves continentais.

Esta seção concentra-se sobretudo na terra evacuada pelas minhocas, e eu pude reunir algumas informações sobre esse assunto com relação a terras distantes. As minhocas expelem muitos dejetos nos Estados Unidos. Na Venezuela, os dejetos, provavelmente expelidos por uma espécie de *Urochaeta*, são frequentes em jardins e campos, mas não nas florestas, como relata o dr. Ernst, de Caracas. Ele coletou 156 dejetos no pátio de sua casa, que tem 167 m². Os dejetos variavam em tamanho, de 0,5 cm³ a 5 cm³, tendo em média 3 cm³. Seu tamanho era pequeno, portanto, se comparado ao que se pode facilmente encontrar na Inglaterra; seis grandes dejetos encontrados num campo próximo à minha casa mediam 16 cm³. Diversas espécies de minhocas são comuns em Santa Catarina, no sul do Brasil, e Fritz Müller me informa "que na maior parte das florestas e pastos, todo o solo até meio metro abaixo da superfície parece ter passado diversas vezes por dentro do intestino de minhocas, inclusive nos lugares onde não há dejetos visíveis na superfície". Uma espécie gigante, mas muito rara, pode ser encontrada lá, e suas galerias chegam a ter 2 cm de diâmetro e parecem penetrar na terra até bem fundo.

No clima seco de Nova Gales do Sul, não imaginava que as minhocas fossem comuns; mas o dr. G. Krefft, de Sydney, a quem inquiri depois de questionar jardineiros e outros, e com base em suas próprias observações, me informa que lá os dejetos são abundantes. Ele me enviou alguns, coletados após chuvas fortes, e eles eram formados por pequenas pelotas de cerca de 4 mm de diâmetro; a terra arenosa e escura da qual eram formadas mantinha-se unida com considerável força e viscosidade.

O falecido sr. John Scott, do Jardim Botânico próximo a Calcutá, realizou, a meu pedido, diversas observações de minhocas sob o clima úmido e quente de Bengala. Lá, os dejetos são abundantes em praticamente todos os lugares, nas selvas e nos campos abertos, em número ainda maior, acredita ele, do que na Inglaterra. Depois que as águas dos campos de arroz encharcados baixam, a superfície toda mostra-se cravejada de dejetos — fato que muito surpreendeu o sr. Scott, porque ele não sabia quanto tempo as minhocas eram capazes de sobreviver submersas na água. Elas são uma grande perturbação no Jardim Botânico, "pois alguns de nossos melhores gramados só podem ser mantidos minimamente em ordem se os nivelarmos diariamente com um rolo compressor; deixados como estão, em poucos dias veem-se coalhados de largos dejetos". Estes parecem muito semelhantes aos descritos como abundantes na região de Nice; são provavelmente produzidos por uma espécie de *Perichaeta*. Erguem-se como torres, com uma passagem aberta no centro.

A ilustração de uma dessas torres, feita a partir de uma fotografia, é exibida aqui (fig. 3, p. seguinte). A maior que recebi tinha 8,9 cm de altura e 3,4 cm de diâmetro; outra tinha apenas 1,9 cm de diâmetro e 6,9 cm de altura.

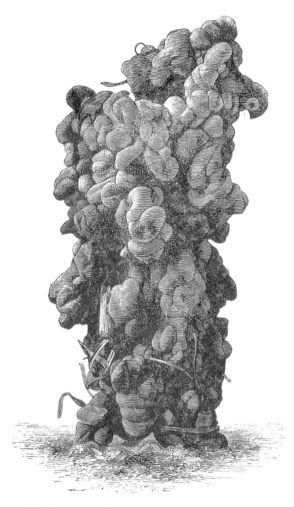

Figura 3. Um dejeto em formato de torre, provavelmente expelido por uma espécie de *Perichaeta*, do Jardim Botânico de Calcutá. Gravura em tamanho real, a partir de fotografia.

No ano seguinte, o sr. Scott mediu algumas das maiores; uma delas tinha 15,2 cm de altura e quase 3,8 cm de diâmetro; duas outras tinham 12,7 cm de altura e, respectivamente, 5 cm e um tanto mais de 6 cm de diâmetro. O peso médio dos 22 dejetos que ele me enviou era de 35 g; um deles pesava 44,8 g. Todos esses dejetos foram expelidos numa ou duas noites. Onde a terra de Bengala é mais seca, como ao pé de árvores amplas, alguns dejetos de tipo diferente foram encontrados: consistiam em pequenos corpos ovalados ou cônicos, medindo de 1,2 mm a 2,5 mm de extensão. São claramente evacuados por outra espécie de minhoca.

Perto de Calcutá, as minhocas apenas exibem essas atividades extraordinárias durante um período que dura pouco mais de dois meses — durante a época fresca após as chuvas. É aí que se pode encontrá-las com frequência a menos de 25 cm da superfície. Durante o estio, elas se entocam mais fundo, e são encontradas enroladas, em aparente hibernação. O ponto mais profundo em que o sr. Scott já as encontrou foi a 76,2 cm da superfície, mas já ouviu relatos de que elas podem ser encontradas a 1,2 m de profundidade. Dentro das florestas, dejetos novos podem ser encontrados até mesmo nas estações mais quentes. Na estação seca e fria, as minhocas do Jardim Botânico arrastam diversas folhas e gravetinhos para dentro das galerias, como fazem as nossas minhocas inglesas; mas elas raramente agem dessa maneira na estação das chuvas.

O sr. Scott encontrou dejetos de minhocas nas elevadas montanhas de Siquim, no norte da Índia. No sul do país, o dr. King encontrou num ponto, no platô dos Nilguiri, a uma elevação de mais de 2.100 m, "um bom tanto de dejetos", curiosos por sua grandeza incomum. As minhocas que os expelem são vistas apenas na estação chuvosa, e dizem que têm de 30,4 cm a 38,1 cm de comprimento e são grossas como o dedo mínimo de um homem.

Esses dejetos foram coletados pelo dr. King ao fim de um período de 110 dias sem chuvas; e devem ter sido expelidos durante as monções do noroeste ou, mais provavelmente, durante as monções anteriores, do sudoeste, pois sua superfície havia sofrido uma desintegração razoável, e encontrava-se perpassada por diversas raízes finas. Aqui é oferecida uma ilustração (fig. 4, a seguir) de um dos que parecem ter preservado melhor o tamanho e a aparência originais. Apesar de algumas perdas devido a desintegrações, cinco dos maiores dejetos (após terem secado por completo à luz do sol) pesavam, cada um, uma média de 89,5 g; o maior pesava 123,14 g — ou seja, mais de 10% de um quilo! As maiores convoluções tinham pouco mais de 2,5 cm de

Figura 4. Um dejeto dos montes Nilguiri, no sul da Índia, em tamanho real. Gravura feita a partir de fotografia.

diâmetro; mas é provável que tenham amolecido um pouco quando frescas, e que seus diâmetros, portanto, tenham se expandido. Alguns dejetos amoleceram de tal modo que são pouco mais que panquecas chatas, fundidas. Todos são formados de terra fina e um tanto clara, e são surpreendentemente duros e compactos, devido, sem dúvida, à matéria animal com a qual as partículas de terra são amalgamadas. Eles não se desintegraram nem mesmo ao serem deixados dentro da água por algumas horas. Embora tenham sido expelidos na superfície de um solo pedregoso, continham raríssimos pedaços de pedra, o maior deles tendo apenas 3,8 mm de diâmetro.

No Ceilão, o dr. King observou uma minhoca de cerca de 61 cm de comprimento e 1,3 cm de diâmetro; ele nos informou que essa é uma espécie muito comum na época de chuvas. Essas minhocas devem expelir dejetos no mínimo do tamanho daqueles vistos nos montes Nilguiri; mas o dr. King não encontrou dejeto nenhum em sua breve visita ao Ceilão. Por ora, fatos suficientes foram apresentados para mostrar que as minhocas realizam um amplo trabalho de trazer a terra fina à superfície em quase todas as partes do mundo, se não em todas, nos mais diferentes climas.

A quantidade de terra fina levada pelas minhocas à superfície

O ritmo em que diversos objetos espalhados na superfície de gramados são cobertos pelos dejetos das minhocas — O soterramento de um caminho pavimentado — O afundamento vagaroso de grandes pedras deixadas na superfície — O número de minhocas que vivem dentro de um determinado espaço — O peso da terra expelida da galeria e de todas as galerias de um dado perímetro — A espessura da camada de terra que os dejetos formariam se espalhados uniformemente, num mesmo local e ao longo de um tempo estipulado — O ritmo lento no qual a terra aumenta até alcançar grande espessura — Conclusão

Chegamos agora ao assunto mais premente deste volume: a quantidade de terra que as minhocas carregam do subterrâneo à superfície, e que é depois espalhada quase inteiramente pela ação das chuvas e dos ventos. Pode-se averiguar essa quantidade por dois métodos: pelo ritmo no qual os objetos da superfície são soterrados ou, com maior precisão, pesando o montante num período estipulado de tempo. Começaremos pelo primeiro método, pois foi o primeiro a ser seguido.

Perto de Maer Hall, em Stradforshire,* no ano de 1827, espalhou-se uma camada grossa de cal sobre um campo bom para pasto, e daquele momento em diante ele permaneceu sem ser arado. No começo de outubro de 1837, escavaram-se buracos quadrados nesse campo; essas seções exibiam uma camada de gramado formada pelas raízes emaranhadas da grama, de 1,3 cm de espessura; embaixo dela, a uma profundidade de 8,8 cm (ou a cerca de 10 cm da superfície), havia uma camada de cal, parte em pó, parte em pequenas bolotas, que podia ser vista nitidamente em todo o entorno dos perfis verticais dos buracos. Sob a camada de cal, o solo era de cascalho, ou de uma areia grossa, áspera, bastante diferente, na aparência, da terra de cima, escura e fina. No ano de 1833 ou 1834, espalhou-se carvão triturado nessa mesma parte do campo, e, após um intervalo de três ou quatro anos, quando os buracos foram cavados, esse carvão havia formado uma fileira de manchas pretas ao seu redor, a uma profundidade de 2,5 cm abaixo da superfície, paralelamente à linha branca de cal, que aparecia logo abaixo. Em outra parte desse mesmo campo também se tinha espalhado carvão cerca de seis meses antes; e este ainda estava na superfície ou emaranhado às raízes da grama. Aí pude ver o início do processo de soterramento, pois os dejetos das minhocas se empilhavam sobre muitos dos fragmentos menores. Depois de um intervalo de quatro anos e nove meses, o mesmo campo foi examinado novamente, e então as camadas de cal e carvão encontravam-se, quase sem exceção, num ponto mais profundo

---

* Residência do tio materno e sogro de Darwin, Josiah Wedgwood II (Charles Darwin era casado com sua prima de primeiro grau). Foi esse tio quem primeiro sugeriu a ele a importância do papel das minhocas na manutenção dos solos. Darwin frequentou essa casa muitas vezes até a morte de Josiah, em 1843, e lá pôde conduzir muitas de suas primeiras observações dos hábitos das minhocas.

do que antes, a uma distância de 1,9 cm a 2,5 cm. Portanto, uma espessura média de 5,5 mm de terra foi levada à superfície pelas minhocas a cada ano e espalhada pela superfície do campo.

Em outro campo, em data que não pôde ser precisada, haviam espalhado carvão triturado de tal modo que, em outubro de 1837, ele formava uma camada de 2,5 cm de espessura a cerca de 7,6 cm da superfície. A camada era tão ininterrupta que a terra vegetal acima dela apenas se conectava ao subsolo de argila vermelha pelas raízes da grama; quando essas últimas se quebravam, a terra vegetal e a argila se separavam. Em 1842 abriram-se buracos num terceiro campo, coberto em data desconhecida por carvão triturado e marga queimada, e uma camada de carvão podia ser observada a uma profundidade de 8,9 cm. Mais abaixo, a 24,1 cm da superfície, havia uma linha de carvão misturado a marga queimada. Nas laterais de um dos buracos havia duas camadas de carvão, a 5 cm e 8,9 cm da superfície; abaixo deles, em profundidades de 24,1 cm e 26,7 cm, fragmentos de marga queimada. Num quarto campo, foi possível traçar com nitidez duas camadas de cal, uma sobre a outra; abaixo delas havia uma camada de carvão e marga queimada a uma profundidade de 25,4 cm a 30,5 cm da superfície.

Em 1822, um terreno estéril e encharcadiço foi delimitado, drenado, arado, destorroado e coberto com uma quantidade generosa de marga queimada e carvão. Ali foram plantadas sementes de grama, que se tornaram um pasto rústico mas razoável. Em 1837 (ou seja, quinze anos depois da regeneração), foram cavados buracos nesse campo, e vemos no diagrama a seguir (ver fig. 5, p. 94), reduzido à metade das dimensões reais, que o gramado media 1,3 cm de espessura e que debaixo dele havia uma camada de terra vegetal de 6,4 cm de espessura. Essa camada não continha fragmentos de nenhuma ordem; mas debaixo dela estendia-se uma camada de 3,8 cm de espessura de terra cheia de fragmentos de marga queimada, notáveis pela coloração vermelha (um dos quais media 2,5 cm de comprimento), além de outros fragmentos de carvão triturado e cascalho de quartzo. Sob essa camada, a uma distância de 11,4 cm da superfície, estava o solo original: preto, turfoso, arenoso e com alguns cascalhos de quartzo. Aí, portanto, os fragmentos de marga queimada e carvão foram sendo cobertos ao longo de quinze anos por uma camada de uma terra vegetal fina, de apenas 6,3 cm de espessura, sem contar o gramado. Passados seis anos e meio, esse campo foi examinado outra vez, e os fragmentos foram então encontrados a uma distância entre 10,1 cm e 12,7 cm da superfície. Assim, no intervalo de seis anos e meio, cerca de 3,8 cm de terra vegetal foi acrescentada à camada de superfície. Surpreendeu-me não haver uma quantidade maior trazida à tona no decorrer de 21 anos e seis meses, pois havia muitas minhocas no solo preto e turfoso rente à superfície. No entanto, é provável que as minhocas fossem escassas quando o terreno era pobre; e, assim, a terra vegetal levou mais tempo até se acumular. A média anual do aumento de espessura para todo esse período é de 4,8 cm.

Há dois outros exemplos que merecem ser registrados. Na primavera de 1835, um campo foi abundantemente coberto por areia vermelha, ficando vermelho-vivo no primeiro momento. Era um campo que havia muito tempo não passava de um pasto ralo e tão encharcadiço que cedia levemente ao ser pisado. Quando os buracos foram cavados ali após um intervalo de dois anos e meio, a areia formava uma camada a 1,9 cm da superfície. Em 1842 (ou seja, sete anos após a aplicação da areia), novos buracos foram cavados, e aí então a areia formava uma camada notável, a 5 cm da superfície, ou 3,8 cm do gramado. Assim, a terra vegetal foi levada à superfície a um ritmo médio de 5,3 mm ao ano. Logo abaixo da areia estendia-se ainda o substrato original de turfa preta e arenosa.

Figura 5. Corte da terra vegetal de um campo drenado e regenerado há quinze anos. Escala de 1:2. A, grama; B, terra vegetal sem pedras; C, terra vegetal com fragmentos de marga queimada, cinzas de carvão e pedras de quartzo; D, subsolo de areia preta e turfosa com pedras de quartzo.

Um gramado, também próximo a Maer Hall, havia recebido uma cobertura espessa de marga, e durante muitos anos foi deixado para pasto. Passado esse tempo, foi arado. Um amigo meu pediu que abrissem três valas nesse campo 28 anos após a aplicação de marga,[1] e uma camada de fragmentos de marga pôde ser vista a uma profundidade — cuidadosamente medida — de 30,5 cm em alguns locais e 35,6 cm em outros. Essa diferença de profundidade se deve ao fato de a camada ser horizontal, enquanto a superfície possui cristas e sulcos produzidos pela aragem. O arrendatário me garantiu que aquela terra jamais havia sido cavada a qualquer profundidade maior do que 15,2 cm ou 20,3 cm da superfície; visto que os fragmentos formam uma camada horizontal contínua a uma profundidade de 30,5 cm a 35,6 cm da superfície, é necessário que eles tenham sido enterrados pelas minhocas quando o terreno era um pasto, antes de ser arado; caso contrário, os fragmentos teriam sido espalhados desordenadamente, pelos dentes do arado, por toda a espessura do solo. Depois de quatro anos e seis meses, pedi que cavassem três buracos nesse campo, onde, havia pouco tempo, batatas tinham sido plantadas; aí então os fragmentos de marga foram vistos 33 cm abaixo dos sulcos e, portanto, cerca de 38,1 cm abaixo do nível médio do campo. Deve-se notar, porém, que a espessura do solo preto e arenoso, expelido pelas minhocas ao longo de 32 anos e seis meses por cima dos fragmentos de marga, teria uma espessura menor do que 38,1 cm se tivesse servido esse tempo todo como pasto, pois teria ficado muito mais compactado. Os fragmentos de marga estavam quase encostando num substrato intocado de areia branca e cascalho de quartzo; esse substrato teria pouco apelo para as minhocas, que, chegando até ele, diminuiriam bastante o ritmo de evacuação de terra vegetal.

Apresentamos, agora, alguns exemplos da ação das minhocas em terrenos muito diferentes dos arenosos e secos ou alagadiços que descrevemos acima. As formações de giz se espraiam por todo o entorno de minha casa em Kent, onde a superfície é extremamente irregular, devido ao imenso período em que foram expostas à ação solvente da água da chuva, sendo esculpidas em festões e diversas cavidades semelhantes a poços.[2] Durante a dissolução do giz, todo o material insolúvel, inclusive a vasta quantidade de nódulos de sílex, dos mais variados tamanhos, permanece na superfície, formando uma camada de argila vermelha rígida de, em média, 1,82 m a 4,26 m de espessura e permeada de sílex. Sobre a argila vermelha, onde quer que a terra tenha sido preservada como pasto por tempo suficiente, haverá uma camada de alguns centímetros de espessura de terra vegetal escura.

No dia 20 de dezembro de 1842, certa quantidade de fragmentos de giz foi espalhada sobre parte de um campo próximo à minha casa, que havia servido como pasto por no mínimo trinta anos seguidos, quando não por sessenta ou noventa anos. O giz foi depositado no terreno a fim de que se pudesse observar, em algum momento no futuro, até que profundidade ele seria enterrado. No final de novembro de 1871, ou seja, passados 29 anos, uma vala foi cavada ali; e uma fileira de nódulos brancos foi exposta de ambos os lados do corte, a uma profundidade de 17,8 cm da superfície. Excluindo-se a grama, concluímos que a terra vegetal foi expelida a uma velocidade média de 5,6 mm ao ano. Por baixo dos nódulos de giz havia partes do solo onde toda a terra fina continha sílex, enquanto, em outras, havia uma camada única de 5,7 cm de espessura. Nesse último caso, a terra vegetal tinha uma espessura total de 23,5 cm; e num local como esse foram encontrados a essa profundidade um nódulo de giz e um calhau liso de sílex. Ambos devem ter sido deixados sobre a superfície em algum momento prévio. Entre 27,9 cm e 30,5 cm de distância da superfície, corria a camada de argila avermelhada e intocada, coalhada de sílex. A aparição dos nódulos mencionados acima me surpreendeu à primeira vista, pois em muito se assemelhavam a pedras desgastadas pela água, enquanto fragmentos novos eram mais angulosos. Mas, ao examinar os nódulos através de uma lente, eles deixaram de ter essa aparência: revelaram superfícies esburacadas e corroídas de maneira irregular, dotadas ainda de elevações pontiagudas, formadas por pedaços de conchas fósseis quebradas e salientes. Ficou claro que as irregularidades maiores dos fragmentos de giz haviam se dissolvido por completo porque exibiam uma superfície ampla ao gás carbônico que se encontra diluído na água das chuvas ou nos solos onde há matéria vegetal, bem como aos ácidos húmicos.[3] As saliências da superfície também teriam estado mais disponíveis às pequenas raízes vivas que agarram fragmentos como esses; como exposto por Sachs, elas têm a capacidade de atacar até mesmo o mármore. Assim, no decorrer de 29 anos, fragmentos angulosos de giz foram convertidos em nódulos bem arredondados.

Outra parte desse mesmo campo estava coberta de musgo, e como se imaginava que as cinzas de carvão trituradas poderiam melhorar o pasto, uma camada grossa delas foi aplicada no ano de 1842 ou 1843, e ainda outra alguns anos mais tarde. Em 1871, cavou-se uma vala nesse campo, e havia muito carvão numa fileira a uma profundidade de 17,8 cm da superfície, com outra camada paralela a essa a 14 cm da superfície. Em outra parte desse campo, que outrora havia sido mantido separado, e que se acreditava ter servido de pasto durante mais de um século, foram abertas valas para que se pudesse averiguar a espessura da terra vegetal. A primeira vala foi cavada, por acaso, no local exato onde, em algum momento do passado, certamente há mais de quarenta anos, um grande buraco fora preenchido com argila vermelha densa, sílex, fragmentos de giz e cascalho; aí a terra vegetal fina tinha apenas entre 10,5 cm e 11,1 cm de espessura. Em outro canto não revolvido havia grande variação na espessura da terra vegetal, que ia de 16,5 cm a 21,6 cm, e debaixo dela foram encontrados, num local, alguns pequenos fragmentos de tijolo. A partir desses casos, poderíamos ter a impressão de que, no decorrer dos últimos 29 anos, a terra vegetal foi sendo amontoada na superfície a uma velocidade média de 5 mm a 5,6 mm ao ano. No entanto, quando um terreno nesse distrito é recém-arado e a grama é plantada, a terra se acumula numa velocidade muito menor. Além disso, o ritmo fica ainda mais lento após a formação da primeira camada de terra, de alguns centímetros de espessura; pois as minhocas vivem normalmente próximo à superfície, e é apenas no inverno, quando o clima está muito frio (sob essas condições, elas já foram encontradas nesse campo a uma profundidade de 66 cm), ou no verão, quando o clima está muito seco, que elas cavam galerias fundo o suficiente para escavarem a terra fresca do fundo.

Outro campo contíguo ao que acaba de ser descrito tem encostas razoavelmente inclinadas (a 10 ou 15 graus). Ali, a terra tinha sido lavrada pela última vez em 1841, e ela então foi arada e transformada em pasto. Por muitos anos, a única vegetação que crescia era extremamente escassa, e era de tal modo recoberta de pedras de sílex que meus filhos sempre se referiam a esse local como "o campo das pedras". Quando eles corriam pela encosta, as pedras tiniam em conjunto. Eu me lembro de questionar se eu mesmo viveria para ver essas pedras maiores serem cobertas pela terra vegetal e pela grama. Mas as pequenas pedras desapareceram no decorrer de alguns poucos anos, e após algum tempo o mesmo aconteceu com cada uma das pedras maiores. Assim, passados trinta anos (1871), era possível para um cavalo galopar de um lado do terreno a outro pelo gramado compactado, sem dar com as ferraduras em pedra nenhuma. Para qualquer um que se lembrasse da aparência que o campo tinha em 1842, a transformação era maravilhosa. Isso certamente se devia ao trabalho das minhocas, pois, embora durante muitos anos os dejetos tivessem sido raros, eles começaram a aparecer mês após mês, até aumentarem gradualmente e melhorar a qualidade do pasto. No ano de 1871, escavou-se uma vala na encosta mencionada, cortando-se a grama bem rente às raízes, de modo a revelar a espessura do gramado e da terra vegetal. O gramado media menos de 1,3 cm e a terra, que não continha pedras, tinha 6,4 cm de espessura. Na camada de baixo havia uma terra argilosa e cheia de sílex, como as que são encontradas em qualquer campo arado da região. Essa terra pedregosa logo se desprendeu da terra vegetal superior ao ser coletada com uma pá. Ao longo de trinta anos, a terra vegetal foi se acumulando num ritmo médio de 2,1 mm por ano (ou seja, 2,5 cm em doze anos); mas esse ritmo foi provavelmente mais lento no início e bastante mais acelerado no fim.

Essa transformação do campo, que se deu diante dos meus olhos, tornou-se ainda mais surpreendente quando examinei, em Knole Park, um bosque denso, de faias imponentes sob as quais nada crescia. Aí o terreno estava coberto de grandes pedras descobertas, e praticamente não havia dejetos de minhocas. Algumas linhas obscuras e certas irregularidades na superfície indicavam que a terra tinha sido cultivada havia séculos. É provável que as faias tenham crescido tão rápido que não tenha havido tempo para as minhocas cobrirem as pedras com seus dejetos antes que o bosque se tornasse fechado e inadequado para elas. Seja como for, o contraste entre o atual estado do chamado "campo das pedras" (nome que já não faz mais jus a ele) e o do terreno de Knole Park, onde crescem as faias e aparentemente não vivem minhocas, é surpreendente.

Em 1843, calçamos um caminho estreito no meu quintal, assentando pequenas lajes lado a lado; mas as minhocas expeliram dejetos em abundância e as ervas daninhas cresceram vigorosamente entre as pedras. Por muitos anos o caminho foi sendo varrido e as ervas daninhas, retiradas. Mas, no fim, as ervas daninhas e as minhocas venceram, e o jardineiro deixou de varrer o caminho, resignando-se a apenas roçar o excesso quando aparava a grama. Rapidamente o caminho foi sendo coberto, e, passados alguns anos, não se via nem sinal dele. Em 1877, ao retirarmos a camada fina de capim que havia sobre ele, as pequenas lajes apareceram na mesma posição em que estavam cobertas por 2,5 cm de terra vegetal fina.

Vale agora comentar dois relatos publicados há pouco sobre substâncias que foram espalhadas pela superfície de um pasto e então enterradas pela ação das minhocas. O reverendo H. C. Key abriu uma vala num campo onde haviam espalhado carvão triturado dezoito anos antes, conforme se contava. Nas laterais bem retas da vala, a uma profundidade de ao menos 18 cm e por uma extensão de 54,9 m, era possível observar "uma fileira nítida, bastante homogênea, de carvão triturado misturado a pedaços maiores de carvão, totalmente paralelos à camada de capim".[4] Esse paralelismo e a extensão do recorte fazem do caso um exemplo interessante. O segundo é do sr. Dancer,[5] que afirma ter espalhado num campo uma quantidade generosa de farinha de osso. E que, "após alguns anos", verificou-se que a farinha estava "alguns centímetros abaixo da superfície, numa profundidade uniforme". As minhocas parecem agir de maneira idêntica na Nova Zelândia como na Europa; pois o professor J. von Haast descreveu[6] uma região próxima à costa formada por micaxisto "coberto por 1,5 m ou 1,8 m de loesse, sobre o qual se estendem cerca de 30,5 cm de solo vegetal. Entre o loesse e a terra havia uma camada de cerca de 7,6 cm a 15,2 cm de espessura que continha núcleos, artefatos, lascas e estilhas, todos manufaturados a partir de rochas sólidas de basalto". É provável que em algum momento no passado os aborígenes tivessem abandonado esses objetos na superfície e que eles então tenham sido aos poucos cobertos pelos dejetos das minhocas.

Os fazendeiros da Inglaterra sabem muito bem que todo tipo de objeto esquecido na superfície de um pasto acaba por desaparecer — ou, como dizem, eles se ocupam de descer. De que maneira materiais como cal, cinzas ou pedras pesadas conseguem se ocupar de descer e ainda por cima no mesmo ritmo, pelo emaranhado de raízes sob uma superfície coberta de grama, é uma pergunta que eles provavelmente nunca se fizeram.[7]

A DESCIDA DE GRANDES PEDRAS PELA AÇÃO DAS MINHOCAS

Quando uma pedra de tamanho avantajado e formato irregular é deixada na superfície do terreno, ela se apoia, é claro, sobre suas partes mais protuberantes. Mas as minhocas logo preenchem com seus dejetos qualquer espaço vazio que possa haver na face inferior, pois, como afirmou Hensen, elas gostam do abrigo que as pedras oferecem. Tão logo os espaços vazios são preenchidos, as minhocas expelem para além da circunferência da pedra a terra que engoliram; desse modo, toda a superfície ao redor da pedra é elevada. À medida que as galerias escavadas logo abaixo das pedras colapsam, a pedra começa a afundar.[8] É por isso que as grandes pedras que, em algum momento do passado remoto, rolaram de uma montanha rochosa ou de uma encosta, vindo a pousar num campo na base, encontram-se cravadas no solo; e, quando são retiradas, deixam a marca exata de sua face inferior impressa na terra fina em que se encontravam. Se, no entanto, uma pedra dessas tiver dimensões tão enormes que a terra abaixo fica permanentemente seca, essa terra não será habitada por minhocas; logo, a pedra não afundará na terra.

Costumava haver um forno de cal num gramado perto de Leith Hill Place, em Surrey. Esse forno foi derrubado 35 anos antes de eu visitar o local. Nessa ocasião, todo o entulho gerado já havia sido levado embora, com a exceção de três pedras grandes de arenito quartzoso, deixadas na expectativa de que pudessem ter algum uso futuro. Um velho trabalhador lembrava-se delas terem sido colocadas numa superfície descoberta de tijolos quebrados e argamassa, próximo aos alicerces da construção do forno; mas toda a superfície adjacente ao local encontra-se hoje coberta de grama e terra vegetal. A maior das três pedras jamais foi movida — a tarefa teria sido custosa, pois, quando eu pedi que a movessem, ela exigiu o esforço de dois homens munidos de alavancas. Uma dessas pedras (não a maior delas) media 1,6 m de comprimento, 43,2 cm de largura e entre 22,9 cm e 25,4 cm de espessura. Sua face inferior tinha uma leve protuberância no meio, que estava ainda em contato com os tijolos quebrados e a argamassa, dando veracidade ao relato do velho trabalhador. Sob o entulho de tijolos, encontramos um solo naturalmente arenoso, cheio de fragmentos de arenito. Esse é um solo que teria cedido muito pouco ou nada ao peso da pedra — diferentemente do que se poderia esperar no caso de um solo argiloso. Num perímetro de cerca de 23 cm ao redor da pedra, a superfície do campo descia num suave declive até ela, por todo seu entorno; perto da pedra, na maior parte do terreno chegava a haver uma diferença de 10,2 cm de profundidade em relação ao restante do terreno adjacente. A base da pedra estava soterrada entre 2,5 cm e 5 cm abaixo do nível médio do solo, e sua face superior se projetava cerca de 20,3 cm acima desse nível, ou 10,2 cm acima do nível onde começava o declive. Uma vez removida a pedra, ficou evidente que uma de suas faces pontiagudas devia necessariamente estar alguns centímetros acima do nível do solo. No entanto, sua face superior encontrava-se agora no nível do terreno adjacente. Quando a pedra foi retirada, deixou um molde perfeito de sua face inferior, como uma cratera vazia e rasa, cujas paredes internas eram formadas por uma terra vegetal fina e preta, exceto nos locais onde as partes mais protuberantes da pedra tinham estado em contato com os restos de tijolos. Uma seção transversal dela, bem como do leito onde ela repousava, é aqui ilustrada em escala de ½ polegada para um pé, com as medidas tomadas após a remoção da pedra (fig. 6). A beirada do montículo, coberta de grama, onde se iniciava a descida desde a pedra, era formada de terra vegetal fina, que chegava a medir, num ponto, 17,8 cm de espessura. É evidente que essa terra tinha sido formada por dejetos de minhocas, muitos dos quais ainda estavam frescos. No decorrer de 35 anos, a pedra havia afundado, até onde pude analisar, cerca de 3,8 cm. É bem provável que isso tenha ocorrido pela ação das minhocas, que cavaram túneis por baixo do entulho de tijolos sob as partes mais protuberantes da pedra. Nesse ritmo, se nada a perturbasse, a face superior da pedra afundaria até o nível geral do solo em 247 anos. Mas, antes que isso acontecesse, uma parte da terra teria sido arrastada por chuvas fortes — ou melhor, os dejetos sobre a superfície da pedra teriam escorrido declive abaixo.

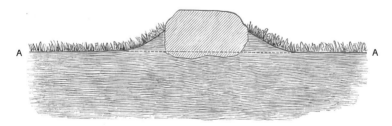

Figura 6. Corte do solo mostra uma grande pedra abandonada no gramado por 35 anos. A—A, o nível médio do terreno. Os restos de tijolo no subsolo não foram representados. Escala de ½ polegada para um pé.

A segunda pedra era maior do que a descrita acima: tinha 1,7 m de comprimento, 99 cm de largura e 38,1 cm de espessura. A face inferior era praticamente lisa, de modo que as minhocas devem ter sido forçadas a expelir seus dejetos para além da circunferência dela. A pedra havia afundado 5 cm no solo. Nesse ritmo, levaria 262 anos até que sua face superior chegasse ao nível do terreno. A beirada do declive em torno da pedra era mais larga neste caso do que no anterior; a primeira media 35,6 cm, enquanto esta media 40,7 cm. Não consegui perceber o motivo dessa diferença. Na maior parte da circunferência, essa beirada era mais baixa do que a anterior: tinha entre 5 cm e 6,4 cm, chegando a 14 cm num ponto. A altura média próximo à pedra era de cerca de 7,6 cm acima do nível do terreno, que ia diminuindo até chegar a zero à medida que se espraiava para longe. Sendo assim, a maior parte da camada de terra fina, de 38,1 cm de largura e 3,8 cm de espessura, comprida o suficiente para circunscrever toda a placa alongada, deve ter sido tirada de baixo da pedra pelas minhocas e trazida à superfície no decorrer dos 35 anos. Essa quantidade seria mais do que suficiente para justificar os 5 cm que a pedra afundou; ainda mais se considerarmos que um bom tanto dessa terra mais fina teria sido arrastado com as chuvas fortes, levando os dejetos da beirada do declive ao nível do terreno. Alguns dejetos frescos foram vistos próximo à pedra. Porém, ao escavarmos um buraco grande até uma profundidade de 45,7 cm onde antes estava a pedra, vimos apenas duas minhocas e algumas poucas galerias, embora o solo estivesse úmido e parecesse ser favorável às minhocas. Havia algumas colônias grandes de formigas sob a pedra, e é possível que, ao terem se estabelecido ali, tenham feito a população de minhocas diminuir.

A terceira pedra tinha apenas metade do tamanho das outras. Dois meninos fortes poderiam tê-la rolado de lá. Não duvido que tivesse sido rolada fazia pouco tempo, pois encontrava-se então a alguma distância das outras duas, no pé de um pequeno declive ao lado. Também repousava sobre terra fina, e não sobre entulho. O que corrobora ainda mais essa conclusão é que o montículo de gramado elevado ao redor da pedra tinha apenas 2,5 cm em alguns pontos e 5 cm em outros. Não havia colônias de formigas debaixo dessa pedra, e, ao cavarmos um buraco no local onde ela havia estado, encontramos diversas galerias e minhocas.

Em Stonehenge, algumas daquelas pedras druídicas estão hoje deitadas, tendo caído em algum período remoto e desconhecido. Encontram-se soterradas a uma profundidade moderada no solo. Em seu entorno há montículos de grama, sobre os quais podem ser vistos dejetos frescos de minhocas. Perto de uma dessas pedras caídas, que tinha 5,2 m de comprimento, 1,8 m de largura e 72,4 cm de espessura, cavou-se um buraco; e ali a terra vegetal tinha pelo menos 24 cm de espessura. No fundo dessa terra encontrou-se uma pedra de sílex; um pouco mais perto da superfície, numa das laterais do buraco havia um caco de vidro. A base da pedra estava 24,1 cm abaixo da superfície da terra adjacente, e sua face superior ficava 48,3 cm mais alta do que o entorno.

Cavou-se outro buraco próximo à segunda pedra, que se quebrou em duas ao cair; isso deve ter acontecido há muito tempo, a julgar pelo aspecto desgastado das duas partes fraturadas. A base estava soterrada a uma profundidade de 25,4 cm, como se pôde notar quando se inseriu um espeto de ferro na horizontal, logo abaixo dela. A terra vegetal que formava o montículo coberto de grama ao redor da pedra — sobre o qual havia muitos dejetos recém-expelidos — tinha 25,4 cm de espessura; e as minhocas devem ter trazido à superfície a maior parte dessa terra desde logo abaixo da base da pedra. A uma distância de 7,3 m da pedra, a terra vegetal media apenas 14 cm de espessura (um fragmento de cachimbo de tabaco foi encontrado a uma profundidade de 10,2 cm), e abaixo dela havia sílex em fragmentos e giz, que dificilmente teriam cedido à pressão ou ao peso da pedra.

Um espeto reto foi afixado na horizontal (com auxílio de um nível de bolha) na medida de um terço de uma pedra que estava caída, e que media 2,4 m de comprimento. O contorno das partes protuberantes, bem como o do terreno adjacente — que não era muito plano —, pôde ser aferido, como se vê no diagrama a seguir (fig. 7) em escala de ½ polegada para um pé. Numa das laterais da pedra, o montículo de grama chegava a uma altura de 10,2 cm, enquanto do outro lado subia apenas 6,4 cm em relação ao nível do restante do solo. Cavou-se um buraco na face leste, ao que se pôde verificar que a base da pedra, nesse ponto, estava 10,2 cm abaixo do nível do solo, e 20,3 cm mais fundo do que o topo do montículo que circundava a pedra.

Essas são provas suficientes para afirmar que pequenos objetos deixados na superfície de um terreno onde haja uma quantidade generosa de minhocas serão logo enterrados, e que pedras grandes vão aos poucos afundar na terra pela mesma razão. Cada etapa do processo pôde ser documentada, desde

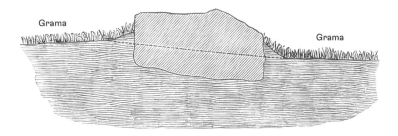

Figura 7. Corte de uma das pedras druídicas caídas em Stonehenge, mostrando como ela afundou no solo. Escala de ½ polegada para um pé.

o momento em que, por acaso, uma minhoca depositou seus dejetos sobre um pequeno objeto deixado a esmo na superfície, até ele ser enredado pelas raízes compactas da grama, e, enfim, ficar incrustado na terra, em diferentes níveis de profundidade. Quando um mesmo campo foi examinado mais uma vez após um intervalo de alguns anos, esses objetos foram encontrados em níveis mais profundos. A homogeneidade das fileiras retas criadas pelos objetos incrustados, que são, além disso, paralelas à superfície do terreno, é o aspecto que mais surpreende nesses casos. Pois o paralelismo mostra como é constante e equilibrado o trabalho das minhocas; ainda que esse resultado se deva, em parte, às chuvas, que lavam os dejetos novos. A gravidade particular de cada objeto não interfere na velocidade com que afundam, como pudemos ver no caso do carvão poroso, da marga queimada, do giz e dos cascalhos de quartzo — todos afundaram no mesmo ritmo e até a mesma profundidade. A natureza dos diferentes substratos — solo arenoso com muitos pedaços de pedra em Leith Hill Place e detritos de calcário e de sílex em Stonehenge —, bem como a presença de montículos de grama e terra vegetal em torno dos grandes fragmentos de rocha em ambos os lugares, nos leva a concluir que os objetos não afundam em função de seu peso, por maior que ele seja.[9]

SOBRE O NÚMERO DE MINHOCAS QUE VIVEM DENTRO DE UM ESPAÇO DETERMINADO

Agora passamos à exposição de, em primeiro lugar, como é vasto o número de minhocas que vivem insuspeitas sob nossos pés; em segundo lugar, do peso da terra que elas de fato trazem à superfície em dado período de tempo. Hensen, que publicou um relato minucioso e interessante sobre os hábitos das minhocas,[10] calcula, com base no número delas que encontrou num espaço mensurado, que deve haver 133 mil minhocas vivas num hectare de terra (10 mil m²), ou 53767 num acre (cerca de 4 mil m²). Esse segundo número resultaria num peso de 161,5 kg, considerando que a média estipulada por Hensen é de 1 g por minhoca. Deve-se, no entanto, notar que esse cálculo é feito com base no número de minhocas encontradas num jardim, e Hensen crê haver metade disso nas plantações de grãos. Esses resultados, por mais impressionantes que sejam, parecem-me razoáveis, a julgar pela quantidade de minhocas que já pude encontrar mais de uma vez, e de quantas são destruídas por pássaros dia após dia sem que a espécie seja ameaçada de extinção. Nas terras do sr. Miller foram deixados alguns barris de cerveja estragada,[11] na expectativa de que ela pudesse virar vinagre. Mas o vinagre não ficou bom, e o conteúdo dos barris foi descartado. Primeiro, é preciso dizer que o ácido acético é um veneno tão fatal para as minhocas que Perrier descobriu que, ao imergir um bastão de vidro em ácido e em seguida num grande corpo de água, no qual havia minhocas submersas, elas foram todas invariavelmente mortas em pouco tempo. Na manhã depois de terem descartado o conteúdo dos barris, "as pilhas de minhocas mortas encontradas no chão eram tão impressionantes que, se o próprio sr. Miller não as tivesse visto, ele não teria acreditado ser possível haver tamanha população naquele espaço". Como mais um indício de como é elevado o número de minhocas na terra, Hensen afirma ter encontrado, num jardim, 64 galerias abertas num espaço de 1,35 m², ou seja, 47 minhocas por metro quadrado. Mas as galerias chegam a ser muito mais numerosas, pois, ao escavar num gramado próximo a Maer Hall, topei com uma seção de terra seca, do tamanho das minhas duas mãos espalmadas, que era atravessada por sete galerias de minhocas da espessura de uma pena de ganso.

O PESO DA TERRA EXPELIDA DA GALERIA E DE TODAS AS GALERIAS DE UM DADO PERÍMETRO

Hensen descobriu que, no caso das minhocas que ele mantinha em confinamento e que disse ter alimentado com folhas, o peso da terra expelida por elas diariamente era de cerca de 0,5 g, ou menos de 8 grãos.* Mas sem dúvida a quantidade é maior no caso de minhocas que vivem na natureza, nos momentos em que se alimentam de terra e não de folhas, e quando se ocupam de cavar galerias profundas. É o que se pode afirmar quase com certeza a partir dos pesos descritos a seguir e dos dejetos expelidos no que deve muito provavelmente ter sido um período curto de tempo na maioria dos casos. Os dejetos foram secos (com uma exceção, num caso especificado) ao sol no decorrer de vários dias, ou, senão, diante de uma lareira acesa.

PESO DOS DEJETOS ACUMULADOS NA ENTRADA DE UMA SÓ GALERIA

	gramas
1. Down, Kent (subsolo de argila vermelha, cheio de sílex; acima de camada de giz). O maior dejeto que pude encontrar, nos flancos de um vale íngreme, onde o subsolo era raso. Neste caso, o dejeto não passou pelo processo adequado de secagem	112,8
2. Down. — O maior dejeto que pude encontrar (formado principalmente por matéria calcária) num pasto extremamente pobre, no fundo do vale mencionado em (1)	109,7
3. Down. — Um dejeto grande, mas não fora do comum, de um campo praticamente plano; pasto pobre, semeado cerca de 35 anos antes	34,6
4. Down. — Peso médio de onze dejetos não grandes, expelidos numa superfície em declive em meu quintal, após seu peso ter diminuído um tanto ao serem expostos por bastante tempo à ação da chuva	19,8

---

* "Grão" (*grain*, em inglês) é uma medida de peso equivalente a 65 mg. É baseada no peso médio de um grão de trigo tirado do meio da espiga.

	gramas
5. Próximo a Nice, França. — Peso médio de doze dejetos de dimensões comuns, coletados pelo dr. King num campo que não havia sido roçado por muito tempo, que possuía minhocas abundantes; a saber, o terreno era protegido por arbustos, e próximo ao mar; solo arenoso e calcário; os dejetos haviam ficado expostos à chuva por algum tempo antes de serem coletados, e devem ter perdido alguma porção de seu peso, mas ainda mantinham o formato intacto	38,8
6. O dejeto mais pesado dos doze mencionados acima	49,9
7. Sul de Bengala. — Peso médio de 22 dejetos, coletados pelo sr. J. Scott, que afirma terem sido expelidos no decorrer de uma ou duas noites	35,1
8. O dejeto mais pesado dos 22 mencionados acima	59,2
9. Montes Nilguiri, sul da Índia. — Peso médio dos cinco maiores dejetos coletados pelo dr. King. Haviam sido expostos à chuva das últimas monções, e devem ter perdido algum peso	89,3
10. O dejeto mais pesado dos cinco mencionados acima	123

Nessa tabela vemos que os dejetos que foram expelidos na entrada de uma mesma galeria (e que, na maioria dos casos, pareciam frescos e mantinham sua estrutura vermiforme) tendem a ficar cerca de 31 g mais pesados após a secagem, chegando até cerca de 113 g. Nos montes Nilguiri havia um dejeto ainda mais pesado. Os maiores dejetos encontrados na Inglaterra estavam em pastos extremamente pobres, até onde pude averiguar costumavam ser maiores do que os que se encontram em terrenos que produzem uma vegetação rica. Disso se pode presumir que, para obter nutrientes, as minhocas precisam engolir mais terra nos terrenos pobres do que nos ricos.

Em relação aos dejetos em forma de torre na região de Nice (números 5 e 6 na tabela), o dr. King muitas vezes encontrou cinco ou seis deles numa superfície de 30,5 cm^2, os quais, a julgar pelo peso médio, teriam um peso somado de 212,6 g, de modo que o peso total na área de 30,5 cm^2 seria de 1,91 kg. Perto do final do ano de 1872, o dr. King coletou todos os dejetos que ainda se mantinham vermiformes — tanto os que tinham se fragmentado como os que estavam íntegros — numa área de igual tamanho, numa região onde as minhocas são abundantes, no topo de um barranco, onde seria impossível que os dejetos tivessem caído desde um lugar mais alto. A julgar pela aparência, considerada em relação aos períodos de chuva e seca na região de Nice, o dr. King concluiu que os dejetos teriam sido expelidos no decorrer dos cinco ou seis meses anteriores. Pesavam 269,3 g, ou 2,4 kg por 30,5 cm^2. Após um intervalo de quatro meses, o dr. King voltou a coletar todos os dejetos expelidos no mesmo perímetro e viu que eles pesavam 70,9 g, ou 637,8 g por 30,5 cm^2. Portanto, no período de cerca de dez meses, ou, para afirmar com segurança, no período de um ano, foram 340 g de dejetos expelidos num espaço de 30,5 cm^2, ou 191,3 g por pouco menos de 1 m^2, o que equivale a cerca de 14,58 t por acre.

Num campo em um vale de giz (cf. número 2 da tabela anterior) foi demarcado um perímetro de cerca de 90 cm^2 num ponto onde havia muitos dejetos de minhoca; em alguns outros locais, eles pareciam ser igualmente abundantes. Esses dejetos, que mantinham totalmente a estrutura vermiforme, foram coletados. Depois de parcialmente secos, pesaram 836,3 g. O campo havia sido aplainado com um rolo compressor pesado fazia 52 dias, o que certamente achatou cada um dos dejetos sobre a terra. O clima estivera bastante seco nas duas ou três semanas que antecederam a coleta, de modo que nenhum dos dejetos tinha a aparência de ser fresco ou recém-expelido. Podemos então presumir que os dejetos que foram pesados haviam sido expelidos, digamos, 45 dias depois do terreno ser aplainado — ou seja, uma semana antes do processo de aplainamento começar. Examinei a mesma parte do terreno pouco tempo depois de aplainada, e ela estava então cheia de dejetos frescos. As minhocas não trabalham no verão quando o tempo está seco, nem no inverno quando há geadas severas. Se partirmos do pressuposto de que só trabalham durante metade do ano — embora essa seja uma estimativa subestimada —, então elas teriam expelido 38 kg a cada 90 cm², ou 18,12 t por acre, se entendermos que em toda a superfície a quantidade de dejetos seja a mesma.

Nos dois exemplos mencionados, parte dos dados necessários eram estimativas; mas, nos dois casos a seguir, os resultados são muito mais confiáveis. Uma senhora, em cuja precisão confio sem ressalvas, ofereceu-se para coletar todos os dejetos expelidos no decorrer de um ano em dois jardins diferentes, próximo a Leith Hill Place, em Surrey. A quantidade coletada, no entanto, mostrou-se um tanto menor do que as minhocas, em princípio, expelem. Pois, como pude observar repetidas vezes, um bom tanto da camada mais fina da terra escorre, levando consigo os dejetos novos, durante ou logo antes de chuvas fortes. Alguns pequenos fragmentos também aderem à grama ao redor, e levou muito tempo para descolar cada um deles. Num solo arenoso, como é o caso, os dejetos correm o risco de se desfazer em pó após um período de seca, e algumas partes acabaram sendo perdidas assim. Essa senhora também se ausentava algumas vezes de casa, passando uma ou duas semanas longe, e nesses intervalos os dejetos devem ter sofrido perdas ainda maiores ao ficarem expostos ao clima. As perdas, no entanto, foram compensadas até certo ponto: num dos quadrados delimitados, a coleta continuou sendo feita por quatro dias após a virada do ano; no outro, por dois dias.

No dia 9 de outubro de 1870, uma seção foi delimitada num pátio coberto de grama que vinha sendo roçada e rastelada havia muitos anos. Era voltada para o sul, mas recebia sombra das árvores durante uma parte do dia. O local havia sido formado fazia pelo menos um século por grande acúmulo de fragmentos maiores e menores de arenito, além de um tanto de terra arenosa, que foi comprimida até ficar plana. É provável que, num primeiro momento, o pátio estivesse protegido pela grama. A julgar pelo número de dejetos que continha, era bastante desfavorável à presença de minhocas, em comparação com os campos vizinhos e um outro pátio elevado. De fato, foi surpreendente ver que nele havia tantas minhocas; pois, ao cavarmos um buraco no solo, a terra vegetal preta e a grama, somadas, davam apenas 10,2 cm de espessura, e mais abaixo havia um solo arenoso de cor clara, repleto de fragmentos de arenito. Antes que se começasse a coleta de dejetos, todos os dejetos anteriores foram cuidadosamente removidos. O último dia de coleta foi 14 de outubro de 1871. Os dejetos foram então secos diante do fogo; pesavam exatamente 1,6 kg. Isso significa que, num acre, um terreno semelhante receberia cerca de 7,56 t de terra seca expelida anualmente por minhocas.

A segunda seção foi delimitada num terreno público, a uma altitude de cerca de 213 m acima do nível do mar, a uma distância pequena de Leith Hill Tower. A superfície era coberta por uma grama fina e curta, e jamais havia sido perturbada pela mão humana. O local selecionado não parecia ser nem favorável nem desfavorável às minhocas; mas muitas vezes pude perceber que os dejetos delas tendem a ser mais abundantes em terrenos públicos, o que pode ser atribuído, talvez, à pobreza do solo. A terra vegetal nesse espaço media entre 7,6 cm e 10,2 cm de espessura. Como o local ficava a certa distância da casa onde a senhora morava, os dejetos não foram coletados em intervalos tão próximos como no primeiro caso; consequentemente, a perda de terra fina nas épocas de chuvas deve ter sido maior neste caso do que no anterior. Os dejetos, além disso, eram mais arenosos, e ao serem coletados na época de seca algumas vezes esmigalharam e viraram pó, de modo que muito se perdeu. Assim, é certo que as minhocas expeliram muito mais terra do que se pôde coletar na superfície. A última coleta foi realizada no dia 27 de outubro de 1871, isto é, 367 dias após o perímetro ser demarcado e a superfície ser limpa de qualquer dejeto que estivesse ali antes. Após a secagem, os dejetos coletados tinham o peso total de 3,38 kg; para um acre de terra em condições semelhantes, o montante seria de 16,1 t expelidas por ano.

RESUMO DOS QUATRO CASOS MENCIONADOS

1. Calculamos que os dejetos coletados pelo dr. King numa superfície de cerca de 30,5 cm² na região de Nice, no decorrer de mais ou menos um ano, renderiam 14,58 t por acre.

2. Calculamos que os dejetos expelidos numa área de cerca de 90 cm² num pasto pobre, num amplo vale nas *downlands*, no decorrer de cerca de 45 dias, renderiam anualmente 18,12 t por acre.

3. Calculamos que os dejetos coletados numa área de cerca de 90 cm² num pátio velho em Leith Hill Place, no decorrer de 369 dias, renderiam anualmente 7,56 t por acre.

4. Calculamos que os dejetos coletados numa área de cerca de 90 cm² nas terras públicas em Leith Hill, no decorrer de 367 dias, renderiam anualmente 16,1 t por acre.

A ESPESSURA DA CAMADA DE TERRA QUE OS DEJETOS FORMARIAM NUM ANO SE ESPALHADOS UNIFORMEMENTE

Nos dois últimos casos mencionados no resumo acima, pudemos calcular o peso dos dejetos secos expelidos durante um ano numa área de cerca de 90 cm². Pergunto-me agora que espessura poderia ter a camada de terra vegetal se essas quantidades fossem espalhadas uniformemente numa área de igual tamanho. Os dejetos, uma vez secos, foram quebrados em partes menores e então colocados num medidor, no qual foram agitados e prensados. Os que haviam sido coletados no pátio renderam 2.044,6 cm³; se espalhados por uma área de cerca de 90 cm², teríamos uma camada de 2,44 cm de espessura. Os dejetos que foram coletados no terreno público renderam 3.237,4 cm³, o que daria uma camada semelhante de 3,9 cm de espessura.

No entanto, essas espessuras devem ser corrigidas, pois os dejetos triturados, mesmo após serem agitados e prensados, não chegam a ficar tão compactados quanto a terra vegetal, embora cada uma das partes estivesse bem prensada. Acontece que a terra vegetal está longe de ser algo compacto, como se pode notar pela quantidade de bolhas de ar que sobem à superfície quando ela é encharcada. Além disso, ela é atravessada por várias raízes finas. Para averiguar como a camada de terra vegetal ficaria mais espessa se fosse quebrada em pequenos fragmentos e posta para secar, tomamos um bloco fino e oblongo de terra um tanto argilosa (a grama havia sido totalmente aparada) e o medimos uma primeira vez antes de quebrá-lo, novamente secá-lo e medi-lo. A secagem provocou um encolhimento de um sétimo de seu tamanho original, a julgar apenas pelas medidas externas. Essa terra foi então triturada e parcialmente reduzida a pó, do mesmo modo como havíamos feito com os dejetos. O tamanho então ficou ¹/₁₆ maior do que havia sido no formato e na umidade originais. Portanto, a espessura calculada acima para a camada dos dejetos do pátio, após ser umedecida e novamente espalhada, deveria ser reduzida em ¹/₁₆ do tamanho original. Dessa maneira, ela mediria 2,3 mm, de modo que em dez anos a camada seria de 2,3 cm. Pelos mesmos princípios, podemos calcular que os dejetos do terreno público formariam uma camada de 3,6 mm de espessura no decorrer de um ano, ou 3,6 cm em dez anos. Arredondando, poderíamos dizer que, no último caso, a espessura chegaria a quase 4 mm num ano e quase 4 cm em dez.

A fim de compararmos esses resultados com os deduzidos a partir do ritmo com que os pequenos objetos deixados em gramados acabam sendo enterrados (como descrito num momento anterior deste capítulo), oferecemos o resumo a seguir:

RESUMO DA ESPESSURA DA TERRA VEGETAL ACUMULADA SOBRE OBJETOS ESPALHADOS NA SUPERFÍCIE, NO CURSO DE DEZ ANOS

O acúmulo de terra vegetal ao longo de catorze anos e nove meses na superfície de um campo seco e arenoso próximo a Maer Hall chegou a 5,6 cm em dez anos.

O acúmulo ao longo de 21 anos e meio num terreno alagadiço próximo a Maer Hall chegou a 14,2 cm em dez anos.

O acúmulo ao longo de sete anos num campo bastante alagado próximo a Maer Hall chegou a 5,3 cm em dez anos.

O acúmulo ao longo de 29 anos, num pasto bom e argiloso para além dos morros de giz chegou a 5,6 cm em dez anos.

O acúmulo ao longo de trinta anos na lateral de um vale para além dos morros de giz, onde o solo é muito argiloso e pobre, tendo sido apenas recentemente convertido em pasto (de modo que, durante alguns anos, era desfavorável às minhocas) chegou a 2,1 cm em dez anos.

Nesses casos (com exceção do último) pode-se ver que a quantidade de terra trazida à superfície em dez anos é um tanto maior do que o cálculo feito a partir dos dejetos que, de fato, foram pesados. Esse excesso pode se dar em parte por causa de três fatores: as perdas que os dejetos que foram pesados sofreram pela ação da chuva, a adesão de partículas às folhas da grama, e o tanto que eles quebram quando secos. Também devemos considerar outros agentes que, em todas as situações normais, se somam à terra mas que não foram incluídos no montante de dejetos coletados: a terra fina trazida à superfície por larvas e outros insetos — sobretudo formigas — que também são escavadores. A terra levantada por toupeiras costuma ter uma aparência distinta da terra vegetal; no entanto, após algum tempo, elas se tornam indistinguíveis. Além disso, em lugares onde o clima é seco, o vento exerce papel importante ao carregar a poeira de um lado a outro; até mesmo na Inglaterra isso necessariamente acontece, o que aumenta o montante de terra vegetal que há nos campos próximos a estradas movimentadas. Ainda assim, em nosso país, esses agentes secundários parecem ter menos importância na comparação com o trabalho das minhocas.

Não há como avaliar a quantidade de terra que uma só minhoca adulta expele durante um ano. Hensen calcula que existam 53 767 minhocas em cada acre de terra; mas esse número é baseado na quantidade encontrada em jardins, e Hensen acredita que haveria metade disso nas plantações de grãos. Não sabemos quantas vivem em antigos pastos, mas, pressupondo que seja a metade do número acima, são 26 886 minhocas nesse tipo de terreno. Com base no resumo que fizemos, 15 t de dejetos são expelidos anualmente por acre de terra, o que nos leva à conclusão de que cada minhoca deve expelir 567 g. Um dejeto grande na entrada de uma galeria pode muitas vezes, como vimos, pesar mais de 28 g; e é provável que uma minhoca produza mais de vinte dejetos grandes no decorrer de um ano. Se produzirem mais de vinte dejetos de 28 g cada, ou seja, 560 g por ano, podemos inferir que o número de minhocas que vivem num acre de pasto deve ser menor do que 26 886.

As minhocas vivem sobretudo na camada superficial de terra, que costuma ter entre 10 cm e 13 cm, ou até mesmo entre 25 cm e 30 cm de espessura; e é essa a terra que passa repetidas vezes por dentro do corpo delas, sendo trazida de novo à superfície. Mas elas podem algumas vezes cavar suas galerias na porção mais inferior do solo, até grande profundidade; e esse é um processo que ocorre desde tempos imemoriais. Portanto, a camada superficial de terra acabaria por atingir, ainda que a um ritmo cada vez mais lento, uma espessura tão grande quanto o nível mais profundo a que as minhocas cavam, se não fossem os agentes de oposição que atuam levando a terra mais fina que as minhocas trazem à superfície a níveis mais e mais profundos. Ainda não tive boas oportunidades de observar até que extensão a terra vegetal consegue chegar; mas, no próximo capítulo, quando considerarmos o soterramento de antigas construções, alguns fatos virão à luz. Nos dois capítulos finais, veremos que o solo chega a aumentar, ainda que em grau pequeno, pela ação das minhocas; mas o trabalho principal que elas fazem é de separar as partículas maiores das menores, misturar o todo com restos vegetais e saturá-lo com suas secreções intestinais.

Por fim, quem considerar os fatos enumerados neste capítulo — sobre como objetos pequenos são soterrados e as pedras maiores afundam ao serem deixadas na superfície; sobre o vasto número de minhocas que vivem numa extensão média de terra; sobre o peso dos dejetos expelidos desde a entrada de uma galeria; sobre o peso de todos os dejetos expelidos num dado período de tempo e local delimitado — não terá mais qualquer dúvida, acredito, de que as minhocas exercem um papel importante na natureza.

O papel exercido pelas minhocas no soterramento de antigas construções

O acúmulo de detritos nos sítios de grandes cidades independentemente da ação das minhocas — O soterramento de uma casa romana em Abinger — Os pisos e as paredes atravessados por minhocas — O afundamento de um piso moderno — O piso soterrado na Abadia de Beaulieu — As asas romanas de Chedworth e Brading — Os destroços da cidade romana em Silchester — A natureza dos escombros que cobrem os destroços — Pisos e paredes de mosaico atravessados por minhocas — Pisos afundando — Espessura da terra vegetal — A antiga cidade romana de Wroxeter — Espessura da terra vegetal — Profundidade dos alicerces de algumas construções — Conclusão

Os arqueólogos provavelmente não fazem ideia do quanto devem às minhocas pela preservação de vários objetos da antiguidade. Esquecidos na superfície do solo, moedas, ornamentos de ouro, artefatos de pedra e outros artigos são invariavelmente soterrados pelos dejetos das minhocas em poucos anos, sendo resguardados até o momento em que a terra é revolvida. Por exemplo: muitos anos atrás, arou-se um gramado no norte de

Severn, próximo a Shrewsbury; e um número surpreendente de flechas foi encontrado no fundo das galerias. Segundo o sr. Blakeway, um antiquário local, tratava-se de relíquias da Batalha de Shrewsbury, de 1403, que sem dúvida haviam sido deixadas no campo de combate. Neste capítulo, mostrarei não só como esses e outros artefatos são preservados, mas também como os pavimentos e escombros de construções antigas vêm sendo tão bem soterrados na Inglaterra — em boa parte devido à ação das minhocas — que hoje só são descobertos por acidente. Os enormes leitos de escombros, de vários metros de espessura, que existem sob muitas cidades, como Roma, Paris e Londres — sendo os mais profundos deles de um passado muito remoto —, não serão aqui mencionados, pois não sofreram de modo nenhum a ação das minhocas. Quando considerarmos o tanto de matéria que é levada, dia após dia, para dentro de uma cidade — seja para construções, seja para uso como combustível, seja para alimento ou confecção de roupas —, e como é menor a quantidade retirada; quando considerarmos, além disso, que no passado as estradas eram ruins e o trabalho de varrição das ruas era negligenciado, poderemos concordar com o que diz Élie de Beaumont sobre o assunto, *"pour une voiture de matériaux qui en sort, on y en fait entrer cent"* [a cada carreta de material retirado, entram mais cem].[1] Também não devemos nos esquecer dos efeitos de incêndios, da demolição de velhos edifícios e da remoção de entulho e outros resíduos, levados a qualquer terreno baldio próximo.

ABINGER, SURREY

No final de outono de 1876 foi escavado um poço de 60 cm a 76 cm de profundidade num terreno de uma antiga fazenda.

Dentro dele, os trabalhadores encontraram vários escombros antigos. Por causa disso, o sr. T. H. Farrer, da mansão Abinger, decidiu investigar o campo cultivado ao lado. Ao abrirem uma vala, logo se descobriu uma camada de concreto ainda parcialmente recoberta por mosaicos (pequenos azulejos vermelhos) e circundada nos dois lados por paredes em ruínas. Acredita-se[2] que esse aposento fizesse parte do átrio, ou sala de entrada, de uma casa romana. As paredes de dois ou três outros aposentos pequenos foram encontradas em seguida. Diversos fragmentos de cerâmica, outros objetos e moedas de vários imperadores romanos, datando de 133 d.C. a 361 d.C. — talvez a 375 d.C. — foram também descobertos, além de uma moeda inglesa de meio centavo, do rei Jorge I, de 1715. A presença desta última parece ser uma anomalia; mas certamente ela caiu no solo no último século, e desde então houve tempo bastante para que ela fosse soterrada a uma profundidade significativa pelos dejetos das minhocas. Das diferentes datas nas moedas romanas podemos deduzir que a casa foi habitada durante muito tempo. É provável que tenha sido abandonada e deixada em ruínas há cerca de 1400 ou 1500 anos.

Estive presente no início das escavações (20 de agosto de 1877), e o sr. Farrer ordenou a escavação de duas valas profundas em lados opostos do átrio, de modo que eu pudesse examinar a natureza do solo em torno das ruínas. O campo tinha um declive de leste a oeste, a um ângulo de cerca de 7 graus. Uma das valas, como se pode ver na representação da página seguinte (fig. 8), estava na parte superior, ou leste. O diagrama está em escala de 1:20 polegadas; mas a vala, que tinha entre 1,2 m e 1,5 m de largura e, em algumas partes, 1,5 m de profundidade, foi necessariamente reduzida para caber, e não está proporcional no desenho.

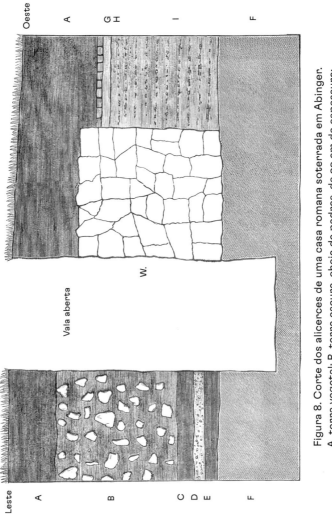

Figura 8. Corte dos alicerces de uma casa romana soterrada em Abinger.
A, terra vegetal; B, terra escura, cheia de pedras, de 33 cm de espessura;
C, terra preta; D, argamassa quebrada; E, terra preta; F, solo inferior intocado;
G, mosaicos; H, concreto; I, natureza desconhecida; W, parede soterrada.

A terra fina sobre o pavimento do átrio tinha uma espessura variada, de 27,9 cm a 40,6 cm; no corte na lateral da vala, media pouco mais de 33 cm. Após a retirada da terra, o pavimento como um todo mostrou-se razoavelmente plano, mas com inclinações de 1 grau, que num ponto próximo à área externa chegava a ter 8°30'. A parede que rodeava o piso era feita de pedras brutas e media 58,4 cm de espessura no ponto onde a vala foi aberta. O vértice fragmentado media ali 33 cm, mas 38,1 cm em outra parte; num local, no entanto, subia até chegar a 15,2 cm da superfície. Em dois lados do aposento, no ponto onde a junção do piso de concreto com a parede circundante podia ser examinada cuidadosamente, não havia rachaduras nem separações. Mais tarde, revelou-se que essa vala havia sido aberta dentro de um aposento adjacente (3,5 m por 3,5 m), de cuja existência ainda não se suspeitava quando estive lá.

No lado da vala mais distante da parede soterrada (W), a espessura da terra variava entre 22,9 cm e 35,5 cm; estava sobre uma massa (B) de terra quase preta de 58,4 cm de espessura, que continha muitas pedras grandes. Embaixo havia um leito fino de terra muito preta (C), depois uma camada de terra coalhada de argamassa fragmentada (D) e então outro fino leito (cerca de 7,6 cm de espessura) (E) de terra muito preta, que se encontrava sobre o solo intocado (F) de areia argilosa, amarelada e firme. O leito de 58,4 cm (B) era provavelmente um aterro, feito para elevar o pavimento do cômodo ao mesmo nível do átrio. Os dois finos leitos de terra preta no fundo da vala certamente demarcavam a terra que, no passado, era a camada de superfície. Do lado de fora das paredes do aposento norte foram encontrados muitos ossos, cinzas, conchas de ostras e pedaços de cerâmica, além de um vaso inteiro, a uma profundidade de 40,6 cm da superfície atual.

A segunda vala foi aberta no lado mais baixo, ou oeste, da casa: ali a terra vegetal media apenas 16,5 cm de espessura, e abaixo dela havia um corpo de terra fina, com muitas pedras, azulejos quebrados e fragmentos de argamassa, que tinha 86,4 cm de espessura; abaixo deste a areia não havia sido perturbada. A maior parte dessa terra tinha provavelmente sido arrastada desde uma parte mais elevada do terreno, e os fragmentos de pedra, azulejo etc. devem ter vindo das ruínas das imediações.

À primeira vista, pode ser surpreendente que esse campo de solo leve e arenoso tenha sido cultivado e arado por vários anos sem que se tenha descoberto qualquer vestígio dessas construções. Ninguém nem sequer suspeitava que haveria ruínas de uma casa romana escondidas tão perto da superfície. Mas o fato foi aceito depois que soubemos, pelo oficial de justiça, que o terreno jamais tinha sido arado a uma profundidade maior do que 10,2 cm. Na primeira vez que se arou a terra, é certo que havia pelo menos essa medida de solo cobrindo as paredes em ruínas; caso contrário, o pavimento de concreto carcomido teria sido arranhado pelas relhas, o mosaico estaria quebrado e o topo das antigas paredes, derrubado.

Quando primeiro foram limpos o concreto e os mosaicos, num espaço de 4,3 m por 2,7 m, o piso recoberto por terra compactada não exibia sinais de ter sido atravessado por minhocas; e embora a terra fina depositada acima dele parecesse muito com aquela que, em diversos locais, é acumulada pela ação delas, é bastante improvável que tivesse sido trazida à superfície depois de atravessar um piso aparentemente sólido. Também pareceu muito improvável que as paredes grossas que circundavam o aposento, ainda unidas ao concreto, tivessem sofrido escavações de minhocas, e que isso tivesse provocado seu afundamento até serem, em seguida, cobertas pelos dejetos. Portanto, concluí, num primeiro momento, que toda a terra fina sobre as ruínas tinha caído das partes superiores do terreno; mas logo veremos que essa conclusão estava de fato equivocada, embora se saiba que a terra fina cai ou escorre em grande quantidade quando há fortes chuvas, desde que esse campo começou a ser arado. Embora o piso de concreto não aparentasse ter sido atravessado por minhocas em lugar nenhum, na manhã seguinte pequenos montículos de terra tinham sido espremidos por elas para fora de sete galerias, que atravessavam as partes menos duras do concreto descoberto e o rejunte dos mosaicos. Nas três manhãs seguintes, contamos 25 entradas de galerias; ao removermos subitamente os montículos de terra, vimos quatro minhocas se retirarem com pressa. Dois dejetos foram expelidos no piso na terceira noite, e tinham um tamanho grande. A estação não era favorável à ação plena das minhocas, e o tempo tinha estado seco e quente, de modo que a maior parte delas estaria vivendo a grande profundidade. Na escavação das duas valas foram encontradas muitas galerias e algumas minhocas entre 76,2 cm e 101,6 cm da superfície; mas a uma profundidade maior a presença delas era mais rara. A 123,2 cm da superfície, uma minhoca foi cortada ao meio; outra, a 130,8 cm. Encontramos um canal forrado de humo fresco a uma profundidade de 144,8 cm e outro a 166,4 cm da superfície. Mais fundo do que isso não encontramos nem minhocas nem galerias.

Eu desejava saber quantas minhocas haveria sob o piso do átrio — um espaço de cerca de 4,3 m por 2,7 m, e o sr. Farrer fez a gentileza de anotar algumas de suas observações para mim no decorrer das sete semanas seguintes. Nesse intervalo, as minhocas nos campos das redondezas encontravam-se em plena atividade, trabalhando perto da superfície. É bastante improvável que elas tivessem migrado dos campos vizinhos para viverem no espaço apertado do átrio depois que a terra da superfície — na qual elas preferem viver — foi removida. Podemos então concluir que tanto as galerias como os dejetos vistos no local ao longo das sete semanas foram produzidos pelas minhocas que já viviam ali. Seguem abaixo alguns trechos das anotações do sr. Farrer.

26 de agosto, 1877; ou cinco dias após o piso ter sido limpo. Na noite passada, tivemos chuvas fortes que lavaram a superfície. Então, pudemos contar quarenta galerias abertas. Algumas partes do concreto pareciam ser íntegras, jamais atravessadas por minhocas. Nesses pontos, a água empoçou.

5 de setembro — Rastros de minhocas, deixados na noite anterior, foram observados na superfície do piso, e cinco ou seis dejetos vermiformes haviam sido expelidos. Todos estavam danificados.

12 de setembro — As minhocas não têm estado ativas nos últimos seis dias, embora muitos dejetos tenham sido expelidos nos campos vizinhos; mas neste dia havia um pouco de terra amontoada ou dejetos expelidos sobre a entrada das galerias em dez locais novos. Também estes estavam danificados. (É preciso deixar claro que quando uma nova galeria é mencionada isso normalmente quer dizer apenas que uma galeria antiga foi reaberta. O sr. Farrer foi muitas vezes surpreendido pela tenacidade das minhocas em reabrir suas velhas galerias, mesmo nos casos em que não havia terra expelida de dentro delas. Muitas vezes pude observar o mesmo fato, e a entrada das galerias costuma estar protegida por um acúmulo de pequenas pedras, gravetos ou folhas. O sr. Farrer observou como, de modo semelhante, as minhocas que vivem sob o piso do átrio muitas vezes amontoam na entrada de suas galerias os grãos maiores de areia ou as menores pedrinhas que podem encontrar.)

13 de setembro — Clima ameno e úmido. As galerias tiveram sua entrada reaberta e novos dejetos foram expelidos em 31 locais; todos estavam danificados.

14 de setembro — 34 novos buracos ou dejetos, todos danificados.

15 de setembro — 44 novos buracos, apenas cinco dejetos; todos danificados.

18 de setembro — 43 novos buracos, oito dejetos; todos danificados (A quantidade de dejetos nos campos vizinhos era agora bem grande.)

19 de setembro — 40 buracos, oito dejetos; todos danificados.

22 de setembro — 43 buracos, apenas alguns dejetos novos; todos danificados.

23 de setembro — 44 buracos, oito dejetos.

25 de setembro — 50 buracos, nenhum registro da quantidade de dejetos.

13 de outubro — 61 buracos, nenhum registro da quantidade de dejetos.

Após um intervalo de três anos, o sr. Farrer novamente analisou o piso de concreto, atendendo ao meu pedido, e viu que as minhocas continuavam trabalhando ativamente.

Não me surpreendeu que elas tivessem atravessado o concreto com suas galerias — sei de sua grande força muscular e de como o concreto estava poroso em vários pontos. É mais surpreendente o fato de a argamassa — que une as pedras brutas das paredes grossas dos aposentos — ter sido penetrada pelas minhocas, como observou o sr. Farrer. No dia 26 de agosto, ou seja, cinco dias após as ruínas terem sido expostas, ele encontrou quatro galerias abertas no ponto mais alto da parede leste, que estava em ruínas (W na fig. 8, p. 122); e, no dia 15 de setembro, outras galerias situadas em lugares semelhantes foram vistas. Também vale dizer que no lado perpendicular da vala (muito mais fundo do que representado na fig. 8) foram vistas três novas galerias, que corriam na diagonal até muito mais fundo do que os alicerces da velha parede.

Desse modo, percebemos que muitas minhocas estavam vivendo sob o piso e as paredes do átrio no momento em que as escavações foram feitas; e que depois elas passaram a levar terra à superfície quase diariamente, desde muito mais fundo. Não existe o menor motivo para duvidar que as minhocas teriam agido assim logo que o concreto ficou poroso o bastante para que elas o atravessassem; e até mesmo antes disso elas teriam vivido sob o piso a partir do instante em que ele se tornou permeável à chuva, o que levou umidade ao solo. O piso e as paredes devem ter sido escavados por elas continuamente; e a terra fina deve ter se amontoado sobre eles por vários séculos, talvez por um milênio. É de imaginar que as galerias sob o piso e as paredes fossem tão numerosas no passado como são hoje. Se elas não acabassem por colapsar com o tempo (à maneira como explicamos anteriormente), teríamos encontrado a terra ali cheia de túneis, parecendo uma esponja. Não sendo esse o caso, podemos afirmar com segurança que as galerias colapsaram. É inevitável que tantos colapsos por sucessivos séculos tenham resultado no afundamento lento do piso e das paredes, e seu soterramento sob o acúmulo de dejetos. Talvez pareça improvável, à primeira vista, que um piso afunde e, além disso, que se mantenha horizontal. Mas o exemplo não é mais difícil de aceitar do que o daqueles objetos perdidos, espalhados pela superfície dos campos. Como vimos, também eles acabam sendo soterrados vários centímetros abaixo da superfície em alguns poucos anos, e ainda se mantêm numa camada horizontal paralela a ela. O caminho pavimentado e nivelado no meu jardim que vi ser soterrado é um caso análogo. Até mesmo as partes do concreto que as minhocas não foram capazes de atravessar muito provavelmente teriam sido escavadas por elas em algum momento, e teriam afundado como as grandes pedras de Leith Hill Place e Stonehenge, pois podemos supor que o solo onde elas estavam era úmido. Mas o ritmo com que diferentes partes afundam não é uniforme; o piso não ficou completamente plano. Como se pôde ver na representação, os alicerces das paredes entre os aposentos ficam a uma profundidade pequena em relação à superfície; portanto, elas devem ter afundado praticamente no mesmo ritmo que o piso. Isso não teria ocorrido se os alicerces fossem mais fundos, como no caso de outras ruínas romanas descritas a seguir.

Por fim, podemos deduzir que uma quantidade grande da terra vegetal fina que cobria o piso e as paredes destroçadas dessa casa romana, chegando até uma espessura de 40,6 cm em alguns casos, foi trazida desde o fundo pelas minhocas. Mas, graças aos fatos que serão apresentados em seguida, não restarão dúvidas de que alguma quantidade da terra mais fina deslizou morro abaixo a cada temporal. Caso isso não tivesse acontecido, uma quantidade ainda maior de terra teria se juntado sobre as ruínas que vemos hoje. Mas, além do acúmulo de poeira e dos dejetos e da pouca terra que é trazida por insetos, muita terra fina caiu dos níveis mais elevados do terreno desde que ele começou a ser cultivado; ou senão desceu do alto das ruínas para as partes mais baixas do morro. A espessura que a terra vegetal tem no momento presente resulta desses diversos fatores.

Posso, neste ponto, acrescentar um exemplo moderno de um piso que afundou: foi comunicado em 1871 pelo sr. Ramsay, diretor do Geological Survey of England. Um corredor sem telhado, de 2,1 m de comprimento e 96 cm de largura, levava de sua casa até o jardim, e era pavimentado com pedras de Portland lisas e chatas. Esse pavimento tinha afundado cerca de 7,6 cm no meio do corredor e 5 cm em cada lateral, como se podia notar pelas linhas de cimento que anteriormente uniam as pedras às paredes. Dessa maneira, o pavimento tinha ficado levemente côncavo no meio; na extremidade mais próxima da casa, porém, não havia afundado nem um pouco. O sr. Ramsay não sabia ao que creditar esse afundamento — até observar os dejetos de terra preta que muitas vezes eram expelidos nas linhas de rejunte entre uma pedra e outra. Esses dejetos costumavam ser varridos com frequência. Tudo somado, as linhas de rejunte (inclusive as que unem o piso às paredes laterais) mediam 11,9 m de comprimento. O pavimento não parecia ter passado por renovações ou reformas, e acreditava-se que a casa tinha sido construída havia cerca de 87 anos. Tendo considerado todas essas circunstâncias, o sr. Ramsay não teve mais dúvidas de que a terra expelida pelas minhocas desde o momento em que o pavimento foi assentado — ou melhor, desde o momento em que a argamassa apodreceu, permitindo que as minhocas abrissem suas galerias trabalhando em muito menos tempo do que 87 anos — foi o bastante para que o pavimento afundasse até o nível mencionado, com exceção da extremidade mais próxima da casa, onde a terra sob a construção teria se mantido praticamente seca.

ABADIA DE BEAULIEU, HAMPSHIRE

A abadia foi destruída por Henrique VIII, e dela resta apenas uma porção da parede da ala sul. Acredita-se que o rei tenha mandado retirar a maior parte das pedras para construir um castelo; o fato é que alguém as removeu. A posição onde ficava o transepto foi definida há pouco tempo, quando encontraram seus alicerces. Atualmente, o local está marcado com pedras deitadas no chão. Hoje há uma superfície de relva macia no lugar onde se erguia a edificação; é semelhante em todos os aspectos aos campos em volta. O vigia, um homem de idade muito avançada, disse que a superfície não foi aplainada em nenhum momento desde que ele trabalha lá. No ano de 1853, o duque de Buccleuch escavou três buracos na grama, a poucos metros uns dos outros, na lateral oeste da nave. Foi assim que se descobriu o velho pavimento de mosaicos da abadia. Mais tarde, esses buracos foram circundados por construções de tijolo e protegidos por alçapões, para que o piso pudesse ser preservado e também rapidamente inspecionado. Meu filho William examinou o local em 5 de janeiro de 1872 e viu que, nos três buracos, o piso se encontrava a profundidades de 17,1 cm, 25,4 cm e 29,2 cm da superfície do gramado ao redor. O velho vigia confirmou que ele muitas vezes se via forçado a retirar dejetos de minhocas de lá; e que o havia feito cerca de seis meses antes. Meu filho coletou todos os dejetos de um dos buracos (a área era de 1,6 m²) e eles pesavam 225,9 g. Se foram precisos seis meses para chegar a essa quantidade, num ano o montante seria de 760 g numa área de cerca de 90 cm². Embora seja uma quantidade grande, é mínima se comparada ao que vimos ser expelido nos campos e nos terrenos públicos. Quando visitei a abadia, em 22 de junho de 1877, o velho homem me disse que tinha feito uma limpeza nos buracos um mês antes; mas um bom tanto de dejetos havia se acumulado nesse meio-tempo. Suspeito que ele imaginava varrer os pisos com mais frequência do que de fato o fazia, pois as condições locais eram em todos os aspectos desfavoráveis ao acúmulo de dejetos, mesmo em quantidade moderada. Os azulejos eram grandes (cerca de 14 cm²) e a argamassa entre eles estava preservada na maior parte dos casos, de modo que as minhocas só seriam capazes de expelir a terra na superfície em alguns poucos locais. Os azulejos tinham sido assentados sobre uma camada de concreto; por causa disso, a maior parte dos dejetos (isto é, 19 de um total de 33) era formada por partículas de argamassa, grãos de areia, pequenos fragmentos de pedra, tijolo ou azulejo, substâncias que certamente não são nutritivas e que dificilmente as minhocas digeririam bem.

Meu filho cavou buracos em vários pontos dentro dos limites das antigas paredes da abadia, a uma distância de alguns metros dos buracos circundados por tijolos, descritos acima. Não viu azulejo nenhum, embora se saiba que eles estão presentes em outras partes. Mas num lugar ele encontrou o cimento no qual um dia houve azulejos assentados. A terra vegetal fina sob o gramado, presente nas laterais dos muitos buracos que ele abriu, variava em espessura de 5 cm a 7 cm; abaixo dela havia uma camada preenchida de terra preta, que tinha de 22,2 cm a mais de 28 cm de espessura, com fragmentos de argamassa e brita. No campo ao redor, a uma distância de 18,2 m da abadia, a terra vegetal fina tinha 27,9 cm de espessura.

Com base nesses dados, podemos concluir que, quando a abadia foi destruída e as pedras, removidas, uma camada de brita foi deixada por toda a superfície. Assim que as minhocas conseguiram penetrar o concreto apodrecido e as linhas de rejunte entre os azulejos, foram aos poucos preenchendo com seus dejetos os espaços vazios na camada superior de brita, a ponto de produzirem uma camada acima dela de pouco mais de 7,5 cm de espessura. Se a isso nós acrescentarmos a quantidade de terra vegetal que há entre os pedaços de brita, serão cerca de 12 cm ou 15 cm de terra vegetal que as minhocas terão retirado de baixo dos azulejos e do concreto e levado à superfície; por consequência, estes terão afundado praticamente nessa mesma medida. Os alicerces das colunas de cada ala encontram-se agora enterrados pela terra vegetal e a grama. É improvável que as colunas tenham sido atravessadas pelas minhocas, já que os alicerces foram construídos a grande profundidade. Se as pedras com as quais as colunas foram construídas não afundaram, só podem ter sido retiradas de baixo do nível original do chão.

CHEDWORTH, GLOUCESTERSHIRE

Os escombros de uma grande casa romana foram descobertos em 1866, num terreno coberto por um bosque desde tempos imemoriais. Ninguém tinha a menor suspeita de que havia uma construção antiga soterrada ali, até que um guarda-caça, à procura de coelhos entocados, acabou deparando com os escombros.[3] Logo em seguida, os cimos de algumas paredes de pedra foram detectados em diferentes locais do bosque, projetando-se para fora da superfície da terra. A maioria das moedas encontradas no terreno eram da época de Constante I (que morreu em 350 d.C.) e da linhagem de Constantino. Meus filhos Francis e Horace visitaram o local em novembro de 1877, a fim de conferir o quanto as minhocas podem ter contribuído para enterrar ruínas tão extensas. Mas as circunstâncias foram desfavoráveis para esse objetivo, visto que elas estavam rodeadas em três lados por barrancos bastante íngremes, pelos quais desce muita terra em tempos chuvosos. Além disso, a maior parte dos antigos aposentos estava coberta por telhados, que protegiam os pisos e seus mosaicos elegantes.

Alguns fatos, porém, podem ser expostos a respeito da espessura do solo sobre as ruínas. Na área externa próximo à ala norte havia uma parede quebrada, cujo topo estava coberto por 12,7 cm de terra preta; do lado de fora dessa parede foi encontrado um subsolo de argila amarela no fundo de um buraco de 66 cm cavado num ponto onde a terra preta e cheia de pedras não havia sido mexida. A uma profundidade de 55,9 cm da superfície foram encontrados o maxilar de um porco e um fragmento de azulejo. No início das escavações havia ainda algumas árvores grandes crescendo sobre as ruínas; o toco de uma delas foi deixado exatamente em cima de uma parede divisória perto do banheiro, como indício da espessura do solo que se sobrepôs à construção: eram 96,5 cm de terra. Um aposento que não tinha telhado foi descoberto e limpo, e depois disso meus filhos conseguiram ver um buraco de minhoca através do concreto apodrecido e encontraram uma minhoca vivendo lá. Em outro aposento destelhado, viram dejetos de minhocas sobre o chão, além de um pouco de terra que elas haviam depositado; nessa terra crescia grama.

BRANDING, ILHA DE WIGHT

Uma bela casa romana foi descoberta aqui em 1880; até o fim de outubro, nada menos que dezoito aposentos já tinham sido liberados. Uma moeda que datava de 337 d.C. foi encontrada. Meu filho William visitou o local antes do fim das escavações e me informou que, num primeiro momento, a maior parte dos pisos estava coberta de entulho e pedras caídas; os interstícios desses objetos estavam completamente preenchidos de terra vegetal, e, segundo os trabalhadores, havia nela uma quantidade abundante de minhocas. Acima dessa camada estendia-se uma de terra preta sem pedras. O corpo total de terras media, em alguns pontos, de cerca de 90 cm até mais de 1,2 m de espessura. Num aposento bastante amplo a terra tinha apenas 76,2 cm de espessura. Após ser removida, a quantidade de dejetos expelidos entre os azulejos era tão grande que o piso precisava ser varrido quase diariamente. Os pavimentos estavam praticamente no mesmo nível. O cimo das paredes quebradas estava coberto, em alguns pontos, por algo entre 10,2 cm e 12,7 cm de terra, apenas. Por causa disso, foram atingidos algumas vezes pelo arado dos trabalhadores. Em outros lugares, porém, estavam cobertos por algo entre 33 cm e 45,7 cm de terra. É improvável que essas paredes tenham sido escavadas pelas minhocas até afundarem, pois foram erguidas sobre alicerces de areia vermelha extremamente compacta, na qual as minhocas dificilmente conseguiriam abrir caminho. No entanto, a argamassa entre as pedras das paredes de um hipocausto estava vazada de canais de minhocas, segundo observou meu filho. As ruínas dessa casa estão num terreno com um declive de cerca de 3 graus; a terra parece ter sido cultivada por muito tempo. Portanto, não há dúvida de que uma quantidade muito grande de terra fina tenha descido desde as partes mais elevadas do terreno, o que contribuiu bastante para que as ruínas acabassem sendo enterradas.

SILCHESTER, HAMPSHIRE

As ruínas dessa pequena cidade romana foram mais bem preservadas do que qualquer outra desse tipo na Inglaterra. Um muro quebrado, que tem entre 4,6 m e 5,5 m de altura em média e cerca de 2,4 km de circunferência, hoje delimita um terreno cultivado de cerca de 100 acres, onde há também um casarão e uma igreja.[4] Antes, quando o clima era seco, era possível traçar as linhas de paredes e muros enterrados pela aparência das plantações. Recentemente, foram feitas vastas escavações a mando do duque de Wellington, sob supervisão do falecido reverendo J. G. Joyce, que revelaram muitas grandes construções. O sr. Joyce fez representações cuidadosas e em cores da espessura de cada camada de entulho à medida que as escavações prosseguiam. Ele teve a gentileza de compartilhar comigo as cópias de várias delas.

Quando meus filhos Francis e Horace visitaram as ruínas, ele os acompanhou e acrescentou as próprias anotações às deles.

O sr. Joyce estipula que a pequena cidade tenha sido habitada por romanos durante mais ou menos três séculos; sem dúvida, muito material foi acumulado do lado de dentro da muralha no decorrer desse longo período. A cidade antiga aparenta ter sido destruída por um incêndio, e grande parte das pedras usadas nas construções vem sendo removida desde então. Essas circunstâncias dificultam o trabalho de averiguar o quanto as minhocas foram as responsáveis por enterrar as ruínas; mas como são raras — ou inexistem — na Inglaterra representações tão cuidadosas como essas das camadas de entulho que se sobrepõem a uma cidade antiga, trago abaixo cópias das mais relevantes feitas pelo sr. Joyce. Não constam todas por serem muitas.

Um corte longitudinal de 9,1 m de largura foi feito num aposento na basílica, hoje chamada de Salão dos Comerciantes (fig. 9). O piso duro de concreto, ainda parcialmente composto de mosaicos espalhados aqui e ali, foi encontrado a cerca de 91 cm sob a superfície da terra, que é plana no local. No piso havia duas grandes pilhas de madeira carbonizada. Apenas uma delas pode ser vista na representação a seguir. Essa pilha estava coberta por uma camada fina e branca de reboco ou gesso, e acima dela havia um conjunto de azulejos quebrados, argamassa, brita e cascalho fino, que chegava a 68,6 cm de espessura e tinha a aparência nítida de ter sido remexido. O sr. Joyce acredita que o cascalho tenha sido usado a princípio para produzir argamassa ou concreto. Com o tempo, deve ter se deteriorado, e a cal, em parte, deve ter se dissolvido. O estado remexido do entulho pode ter sido provocado pelas pessoas que procuraram ali pedras para construção. A camada culminava em outra, de terra vegetal fina, de 22,9 cm de espessura. Desses fatos pode-

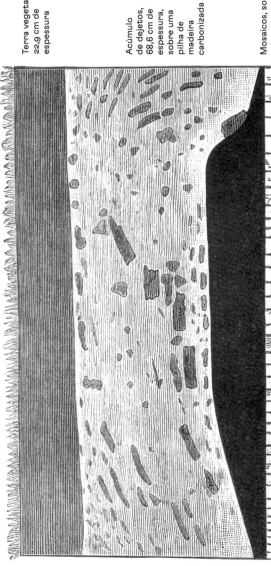

Figura 9. Corte de um aposento da Basílica de Silchester. Escala 1:18.

mos concluir que o salão foi destruído num incêndio e que muito entulho se espalhou pelo chão; do material que caiu, as minhocas foram lentamente retirando a terra e, em seguida, a depositando como terra vegetal, até formar a superfície plana do terreno que hoje vemos.

Outro corte foi feito no meio de outro salão da basílica chamado de "Ovário", de 9,9 m de comprimento (fig. 10). Aparentemente, o que temos é a prova de dois incêndios separados por um intervalo de tempo, no qual foram acumulados 15,2 cm de "argamassa e concreto com azulejos quebrados". Por baixo de uma das camadas de madeira carbonizada encontrou-se uma relíquia valiosa: uma águia de bronze. É um indício de que os soldados desertaram do campo em pânico. Devido à morte do sr. Joyce, não pude verificar sob qual das duas camadas encontrava-se a águia. Imagino que o leito de entulho sobre a camada de cascalho intocado fosse provavelmente o piso original, já que está no mesmo nível do corredor que fica do lado de fora das paredes do salão; esse corredor, no entanto, não aparece na representação aqui exposta. A terra vegetal chegava a medir 40,6 cm nas partes mais espessas; e a distância da superfície do campo (coberta de relva) até o cascalho intocado era de 1 m.

O corte exibido na fig. 11 (p. 140) representa uma escavação feita no meio da cidade; é aqui introduzido porque o leito de "terra vegetal rica" atinge a medida rara, segundo o sr. Joyce, de 50,8 cm de espessura. A 1,2 m da superfície havia uma quantidade de cascalho que não pudemos aferir se estava em estado natural ou se havia sido trazida até aqui e empurrada para baixo, como ocorre em alguns outros lugares.

O corte exibido na fig. 12 (p. 141) foi feito no centro da basílica e, embora tivesse 1,5 m de profundidade, o subsolo natural não chegou a ser atingido.

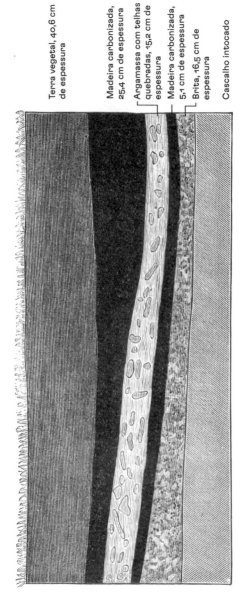

Figura 10. Corte de um salão da Basílica de Silchester. Escala 1:32.

- Terra vegetal, 40,6 cm de espessura
- Madeira carbonizada, 25,4 cm de espessura
- Argamassa com telhas quebradas, 15,2 cm de espessura
- Madeira carbonizada, 5,1 cm de espessura
- Brita, 16,5 cm de espessura
- Cascalho intocado

Figura 11. Corte do solo numa quadra de edifícios no meio da pequena cidade de Silchester.

É provável que o leito marcado como "concreto" tenha sido um piso em outro momento; e as camadas abaixo dele parecem ser os resquícios de construções ainda mais antigas. A terra vegetal media apenas 22,9 cm. Em outros cortes, que não foram copiados aqui, temos sinais de construções erigidas sobre ruínas ainda mais antigas. Num caso havia uma camada de argila amarela de espessura bastante desigual em meio a duas camadas de entulho. Sob a camada inferior havia um piso de mosaicos. As velhas paredes quebradas parecem às vezes ter sido derrubadas até atingirem uma altura uniforme, para então servirem de alicerce para uma construção temporária; e o sr.

Joyce suspeita que algumas dessas podem ter sido construções de taipa, rebocadas com argila, o que explicaria a camada de argila mencionada. Voltamo-nos agora às questões que mais nos concernem. Foram observados dejetos de minhocas no chão de vários aposentos, sendo que, num deles, os mosaicos estavam completos, o que é

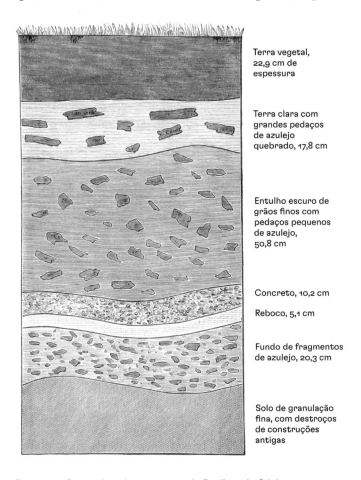

Figura 12. Corte do solo no centro da Basílica de Silchester.

raro. Era composto por pequenos cubos de arenito duro de cerca de 2,5 cm cada, e alguns estavam soltos ou projetavam-se um pouco para cima do nível geral. Sob todas as peças soltas era possível encontrar uma ou até mesmo duas galerias de minhoca. As minhocas também atravessaram as velhas paredes dessas ruínas. Uma dessas paredes, que havia sido exposta aos observadores enquanto as escavações eram feitas, foi examinada. Era uma construção de grandes pedras de sílex e tinha 45,7 cm de espessura. Parecia estar íntegra, mas, quando o solo foi retirado de baixo dela, a argamassa da parte inferior mostrou-se tão corrompida que as pedras desabaram sob o próprio peso. Aí então, no meio da parede, a uma profundidade de 73,7 cm do nível do antigo piso e a 125,7 cm do nível da superfície do terreno, foi encontrada uma minhoca com vida, e a argamassa estava coalhada de galerias.

Uma segunda parede foi exposta aos observadores pela primeira vez, e uma galeria aberta podia ser vista no cimo quebrantado dela. Quando as pedras de sílex foram afastadas, pôde-se traçar o caminho dessa galeria até muito fundo no interior da parede; mas como algumas das pedras mantinham-se firmemente encaixadas umas nas outras, a parede toda acabou ruindo ao ser manipulada, e não foi possível ver onde terminava a galeria. Os alicerces de uma terceira parede, que parecia estar bastante íntegra, encontravam-se a uma distância de 1,2 m abaixo de um dos pisos e, é claro, a uma profundidade ainda maior em relação à superfície. Uma grande pedra de sílex foi arrancada da parede a cerca de 30 cm da base, o que exigiu enorme força, já que a argamassa estava intacta; mas, por trás do sílex no meio da parede, a argamassa estava quebradiça e cheia de galerias de minhoca. O sr. Joyce e meus filhos foram surpreendidos pela cor quase preta da argamassa que viram neste e em muitos outros lugares, bem como pela presença de terra vegetal dentro das paredes. É possível que ela tenha sido colocada ali em parte pelos antigos construtores, no lugar da argamassa. Mas vale lembrar que as minhocas forram o interior de seus canais com humo preto. Além disso, é de imaginar que os espaços vazios que por vezes são deixados entre as grandes pedras irregulares de sílex acabariam sendo preenchidos pelos dejetos de minhocas no momento em que elas começassem a penetrar a parede. A água das chuvas, escorrendo pelas galerias, também arrastaria as partículas escuras e finas para dentro de cada ranhura. De início, o sr. Joyce mostrou-se cético diante do tamanho do trabalho que eu atribuí às minhocas; mas ele conclui suas anotações fazendo referência à parede recém-mencionada, dizendo: "Este caso me surpreendeu e convenceu mais do que qualquer outro. Eu teria dito — e de fato disse — que seria completamente impossível que uma parede como essa fosse atravessada por minhocas".

Em quase todos os aposentos, o piso afundou nitidamente, sobretudo no centro e em torno dele. As medidas foram feitas esticando-se ao máximo um cordão rente ao chão, na

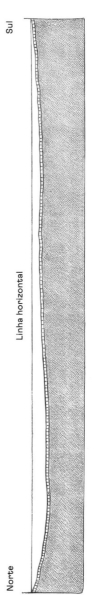

Figura 13. Corte do piso afundado de um aposento pavimentado com mosaicos em Silchester. Escala 1:40.

horizontal. O corte da fig. 13 (p. 143) foi feito no sentido norte-sul, atravessando um aposento de 5,6 m de comprimento onde o pavimento estava praticamente completo, próximo à "cabana de madeira vermelha". Na metade norte, o piso havia afundado um total de 14,6 cm em relação ao nível em que se encontrava na junção com a parede; essa medida era maior na metade norte do que na metade sul; mas, segundo o sr. Joyce, o piso inteiro havia afundado. Em vários locais, era como se os mosaicos tivessem se afastado um pouco das paredes; em outros, permaneciam em estreito contato com elas.

Na fig. 14, vemos um corte através do piso pavimentado do corredor sul próximo às arcadas do pátio quadrangular, numa escavação feita perto de "A fonte". O chão mede 2,4 m de largura, e as paredes quebradas projetam-se, hoje, apenas 1,9 cm acima dele. O campo, que estava servindo de pasto, tinha um declive aqui no sentido norte-sul, a um ângulo de 3°40'. O tipo de solo e de terra nas laterais do corredor pode ser visto na representação abaixo. Consistia numa terra com muitas pedras e outros entulhos, encimada por terra vegetal escura, mais densa no lado sul e menos elevada do que o lado norte. O piso era praticamente plano, espraiando-se em linhas paralelas às paredes laterais, mas chegava a afundar 19,7 cm no meio.

Um cômodo pequeno, não muito distante do representado na fig. 13 (p. 143), foi ampliado por seu inquilino romano, que acrescentou 1,6 m à largura original. Com esse propósito, a parede sul da casa foi derrubada, mas seus alicerces permaneceram enterrados a uma profundidade mínima sob o piso do cômodo reformado. O sr. Joyce acredita que essa parede soterrada deve ter sido construída antes do reinado de Cláudio II, que morreu em 270 d.C. Na fig. 15 (p. 147), o piso de mosaicos afundou menos onde a parede está enterrada do que no resto do cômodo; desse modo, há uma leve protuberância ou conve-

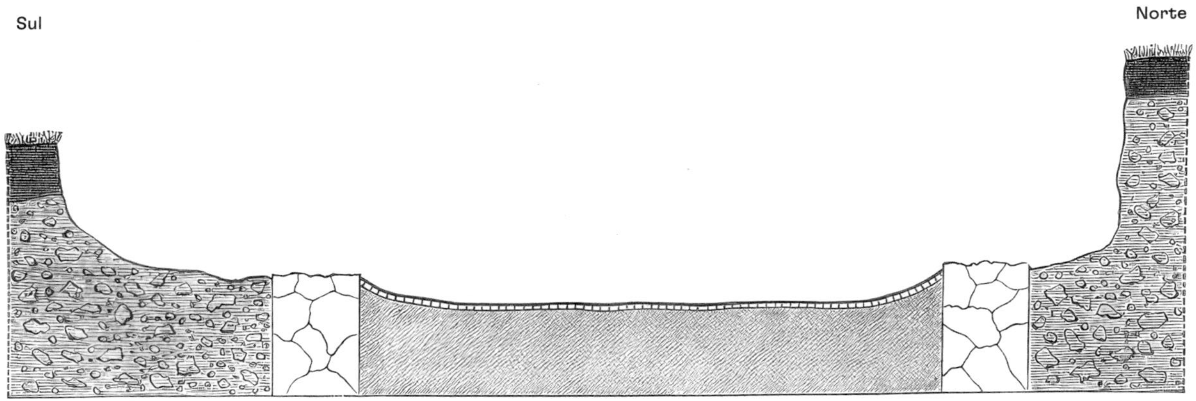

Figura 14. Corte norte-sul do piso afundado de um corredor pavimentado com mosaicos. Do lado de fora das paredes quebradas que delimitam a casa, vê-se uma pequena extensão da terra escavada em ambos os lados. O tipo de solo sob os mosaicos é desconhecido. Silchester. Escala 1:36.

xidade, nesses dois pontos, mas não na extensão total do cômodo, onde o piso é plano. Por causa disso, nele foi escavado um buraco, que levou à descoberta da parede soterrada.

Nesses três perfis, e em muitos outros que não constam aqui, vemos que os velhos pavimentos afundaram ou cederam bastante. A princípio, o sr. Joyce atribuiu isso unicamente ao processo vagaroso de compactação do solo. É muito provável que o solo tenha sido um tanto compactado, como se pode ver no corte 15, em que o piso da ampliação de 1,5 m de largura feita no lado sul — que certamente foi construída sobre terra fresca — afundou um pouco mais do que o piso do lado norte. Mas é possível que isso tenha ocorrido sem qualquer relação com a ampliação do cômodo, pois na figura 13 uma metade do piso cedeu mais do que a outra sem que houvesse uma causa plausível. Um caminho de tijolos que o sr. Joyce construiu na entrada de sua casa há seis anos ou menos afundou da mesma maneira que essas construções antigas. No entanto, parece-nos improvável que a causa possa ser totalmente atribuída ao mesmo fator. Os construtores romanos cavavam a terra até uma profundidade excepcional para assentar os alicerces grossos e maciços de suas casas. É difícil, portanto, imaginar que eles não teriam sido cuidadosos em relação à firmeza do terreno onde construiriam aqueles pisos de mosaicos, muitas vezes ornamentados. Acredito que a principal razão para o afundamento do caminho de tijolos tenha sido a escavação feita pelas minhocas, que, como sabemos, seguem ainda trabalhando. Até mesmo o sr. Joyce acabou por admitir que a ação delas teria, de fato, produzido um efeito notável. Isso também justifica a grande quantidade de terra fina encontrada sobre o pavimento — se não fosse pelo trabalho das minhocas, não haveria o que explicasse sua presença. Meus filhos perceberam que, num dos aposentos onde o chão tinha cedido muito pouco, foi encontra-

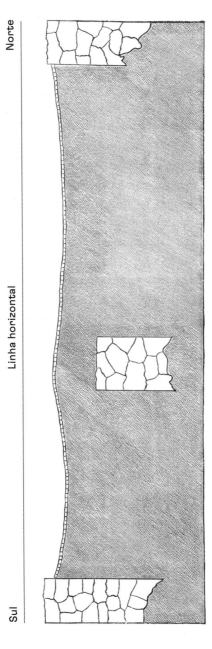

Figura 15. Corte do piso afundado, pavimentado com mosaicos, e das paredes quebradas que delimitavam o cômodo em Silchester, expandido em momento anterior, e os alicerces da antiga parede ainda enterrados. Escala 1:40.

da também uma quantidade bem menor de terra vegetal do que seria comum.

Como os alicerces das paredes costumam ser extremamente profundos, pode acontecer de eles não cederem em nada à escavação das minhocas ou cederem muito menos do que o piso. Essa segunda possibilidade é uma consequência de as minhocas muitas vezes não trabalharem nas regiões tão fundas como aquelas sob os alicerces; mas isso se deve sobretudo ao fato de as paredes não chegarem a ceder quando atravessadas pelas minhocas, ao passo que, se uma porção de terra do tamanho e espessura de qualquer uma das paredes fosse minada sucessivamente pela abertura de galerias, ela teria colapsado já muitas vezes no mesmo período de tempo desde que as ruínas foram abandonadas, e logo teria afundado ou diminuído de tamanho. Como as paredes não afundaram ou afundaram muito pouco, as partes do piso que estão ligadas a elas também foram resguardadas do afundamento; daí se pode entender o porquê da curvatura do piso.

A particularidade que mais me surpreendeu em relação a Silchester foi que, durante os muitos séculos que se passaram desde que os velhos edifícios foram abandonados, não houve um acúmulo maior de terra vegetal do que o mencionado aqui. Na maioria dos lugares, sua camada tinha no máximo apenas 22,9 cm; em uns poucos, 30,5 cm. Na figura 11, constam 50,8 cm de terra vegetal, mas esse corte foi desenhado pelo sr. Joyce antes que a atenção dele tivesse se voltado especificamente para esse assunto. A terra circundada pelas velhas muralhas é descrita como tendo um declive suave em direção ao sul; mas há partes dela que, segundo o sr. Joyce, são praticamente planas, e é nesses locais que a terra vegetal é mais espessa. Em outros pontos do terreno, o solo tem um declive de oeste para leste, e o sr. Joyce descreve um desses locais como coberto de entulho e terra vegetal até a altura de 72,4 cm na parte oeste e apenas 29,2 cm na leste. Uma inclinação mínima é o suficiente para que os dejetos novos sejam arrastados sob chuvas fortes; é assim que muita terra acaba nos córregos e riachos das redondezas, de onde é levada para longe. Acredito que esteja aí a resposta para a falta de camadas mais espessas de terra vegetal sobre essas ruínas antigas. Além disso, a maior parte desse terreno vem sendo arada há tempos, o que também favorece muito o escoamento da terra mais fina nas épocas chuvosas.

A natureza dos solos que estão logo abaixo da terra vegetal chega a ser desconcertante em alguns lugares. Vemos, por exemplo, no corte de uma escavação de um gramado (fig. 14, p. 145) que tinha um declive de norte a sul a um ângulo de 3°40' que a terra vegetal na parte mais elevada media apenas 15,2 cm, mas tinha 22,9 cm de espessura na parte mais baixa. Contudo, debaixo dessa terra havia um montante de "terra vegetal marrom-escura" (de 64,8 cm de espessura na parte mais elevada), descrito pelo sr. Joyce como "completamente entremeada de pequenos pedregulhos e pedaços de azulejo de aparência corroída ou gasta". O estado dessa terra escura é como o de um campo que foi arado muitas vezes, cujo solo acaba incorporando pedras e fragmentos de todo tipo que ficaram expostos ao clima. Essa terra só pode ser compreendida se entendermos que, no correr de muitos séculos, o gramado e outros terrenos que hoje servem para cultivo foram algumas vezes arados e, em outros momentos, deixados para pasto. Isso porque, durante todo esse período, as minhocas trabalharam sem cessar trazendo à superfície a terra fina mais profunda, que, em seguida, foi revolvida pelo arado a cada vez que o campo foi cultivado. Mas, passado algum tempo, haveria uma espessura de terra fina maior do que aquela que um arado seria capaz de alcançar; e uma camada como a de 64,8 cm (fig. 14, p. 145) acabaria sendo formada sob a terra vegetal da superfície, acumulada em tempos mais recentes e bastante esmiuçada pelas minhocas.

WROXETER, SHROPSHIRE

A velha cidade romana de Virocônio foi fundada no começo do século 2, ou talvez ainda mais cedo; e foi provavelmente destruída, segundo o sr. Wright, entre a metade do século 4 e o século 5. Seus habitantes sofreram um massacre. Foram encontrados cadáveres de mulheres nos hipocaustos. Antes de 1859, o único resquício da cidade visível sobre o solo era uma parte de uma enorme muralha de cerca de 6 m de altura. A terra à sua volta ondula suavemente, e vem sendo cultivada há muito tempo. Já se havia notado que as plantações de grãos amadureciam antes da hora em algumas fileiras estreitas, e que a neve demorava para derreter mais em certos pontos do que em outros. Foram esses aspectos que levaram, segundo me disseram, às vastas escavações iniciadas. Várias ruas e alicerces de muitos edifícios grandes foram expostos. O espaço circundado pelos antigos muros compõe um oval irregular, de cerca de 2,8 km de comprimento. Muitas das pedras ou dos tijolos usados nas construções devem ter sido retirados; mas os hipocaustos, os banheiros e outras construções subterrâneas foram encontrados em estado quase perfeito, preenchidos por pedras, azulejos quebrados, entulho e terra. Os velhos pisos de muitos dos aposentos estavam cobertos de brita. Como eu estava curioso para saber a espessura da cobertura de terra vegetal e entulho que durante tanto tempo escondeu essas ruínas, recorri ao dr. H. Johnson, que havia supervisionado as escavações. Ele muito gentilmente foi duas vezes ao local para examiná-lo de acordo com as minhas perguntas, e pediu que fossem abertas valas em quatro campos que até então não tinham sido revolvidos. Os resultados de suas observações constam na tabela a seguir. Ele também me enviou amostras da terra vegetal e respondeu a todas as minhas perguntas, até onde pôde.

MEDIDAS FEITAS PELO DR. H. JOHNSON DA ESPESSURA DA TERRA VEGETAL SOBRE AS RUÍNAS ROMANAS DE WROXETER

Valas abertas em um campo chamado Old Works.

	Espessura da terra vegetal em cm
1. A uma profundidade de 91,4 cm, encontrou-se areia que não havia sido mexida	50,8
2. A uma profundidade de 83,8 cm, encontrou-se concreto	53,3
3. A uma profundidade de 22,9 cm, encontrou-se concreto	22,9

Valas abertas em um campo chamado Shop Leasows; este é o campo mais elevado dentro dos limites dos muros. A partir de um ponto subcentral, ele entra em um declive de cerca de 2 graus em todas as direções.

	Espessura da terra vegetal em cm
4. Ponto mais alto do campo, vala de 1,14 m de profundidade	101,6
5. Perto do ponto mais alto do campo, vala de 91,4 cm de profundidade	66
6. Perto do ponto mais alto do campo, vala de 71,1 cm de profundidade	71,1
7. Perto do ponto mais alto do campo, vala de 91,4 cm de profundidade	61

	Espessura da terra vegetal em cm
8. Perto do ponto mais alto do campo, vala de 99 cm de profundidade num dos lados; a terra vegetal aqui se mistura gradativamente à areia intocada abaixo dela, e sua espessura é difícil de discernir. Do outro lado da vala, encontrou-se uma calçada pavimentada a uma profundidade de apenas 17,8 cm — a mesma espessura que tinha a terra vegetal ali	61
9. Vala próxima à anterior, 71,1 cm de profundidade	38,1
10. Parte mais baixa do mesmo campo, vala de 76,2 cm de profundidade	38,1
11. Parte mais baixa do mesmo campo, vala de 78,7 cm de profundidade	43,2
12. Parte mais baixa do mesmo campo, vala de 91,4 cm de profundidade, no fundo da qual se encontrou areia que não havia sido mexida	71,1
13. Em outra parte do mesmo campo, vala de 24,1 cm de profundidade, limitada por concreto	24,1
14. Em outra parte do mesmo campo, vala de 22,9 cm de profundidade, limitada por concreto	22,9
15. Em outra parte do mesmo campo, vala de 61 cm de profundidade, em cujo fundo havia areia	40,6
16. Em outra parte do mesmo campo, vala de 76,2 cm de profundidade, em cujo fundo havia pedras; num dos lados da vala, a terra vegetal media 30,5 cm de espessura; no outro lado, 35,6 cm	33

Pequeno campo entre Old Works e Shop Leasows, quase tão elevado, creio, quanto a parte mais alta do campo anterior.

	Espessura da terra vegetal em cm
17. Vala de 66 cm de profundidade	61
18. Vala de 25,4 cm de profundidade, a qual revelou uma calçada pavimentada	25,4
19. Vala de 86,4 cm de profundidade	76,2
20. Vala de 78,7 cm de profundidade	78,7

Campo no lado oeste do perímetro circundado pelos antigos muros.

	Espessura da terra vegetal em cm
21. Vala de 71,1 cm de profundidade	40,6
22. Vala de 73,7 cm de profundidade, em cujo fundo se encontrou uma areia que não havia sido mexida	38,1
23. Vala de 35,6 cm de profundidade, a qual revelou uma construção	35,6

O dr. Johnson distinguiu a terra vegetal da areia ou da brita debaixo dela pelas diferenças mais ou menos abruptas entre as texturas e por sua cor mais escura. Nas amostras que me enviou, a terra vegetal parecia ser aquela que encontramos logo abaixo da superfície da grama em velhas terras para pasto, exceto nos casos em que continha pequenas pedras, mas grandes demais para terem atravessado o corpo de uma minhoca. Entretanto, as valas descritas na tabela foram abertas em campos que não tinham servido para pasto, e todas elas vinham sendo cultivadas havia muito tempo. Considerando o que se afirmou sobre os efeitos do uso contínuo do terreno para pasto em Silchester, bem como sobre a ação das minhocas de trazer partículas mais finas à superfície, é justo dizer que o que o dr. Johnson definiu como terra vegetal é merecedor desse nome. Sua espessura, nos locais onde não havia entraves de calçadas, paredes ou pisos enterrados, é a maior de todas as que foram observadas, chegando a ter mais de 61 cm em diversos pontos e até mesmo mais de 91 cm num deles. Quanto mais perto do ponto mais alto do campo chamado Shop Leasows, mais espessa é a terra vegetal; também num campo ao lado, que acredito ter a mesma altitude, a terra era igualmente espessa. Um dos lados do antigo campo tem um declive a um ângulo um tanto maior do que 2 graus, o que me teria feito imaginar que a terra vegetal seria mais espessa na parte baixa do que na alta, devido às chuvas; mas em duas das três valas abertas ali, não foi isso o que se observou.

Em muitos locais onde foram encontradas ruas sob a superfície, ou onde havia construções ainda em pé, a terra vegetal media apenas 20,3 cm de espessura; o dr. Johnson ficou surpreso que ninguém tivesse atingido as ruínas ao arar a terra — pelo menos, não que ele soubesse. Ele pensa que, na primeira vez que a terra foi cultivada, as velhas paredes foram derrubadas de propósito, e o espaço deixado por elas foi preenchido. É possível que tenha sido esse o caso; mas, se após o abandono da cidade as terras passaram muitos séculos sem ser cultivadas, então as minhocas podem ter trazido à superfície terra fina o suficiente para cobrir as ruínas por completo — isso se as ruínas tiverem afundado também ao serem escavadas pelas minhocas. Alguns alicerces, como os do muro que continua em pé e tem 6 m de altura, ou os da construção do mercado, foram assentados a uma profundidade extraordinária, de 4,3 m; mas é muito improvável que essa medida tão funda fosse comum. A argamassa utilizada nas construções devia ser de excelente qualidade, já que continua firme em muitos lugares. Todos os muros já exibidos aos observadores, seja qual for a altura, permanecem perpendiculares ao solo, afirma o dr. Johnson. Esses muros e paredes com alicerces tão profundos não podem ter sido escavados pelas minhocas e, portanto, não podem ter afundado, como aparentemente aconteceu em Abinger e Silchester. Portanto, é muito difícil justificar que eles se encontrem hoje completamente cobertos pela terra; mas quanto dessa terra é de fato terra vegetal e quanto é entulho, não sei dizer. O mercado, com seus alicerces a 4,3 m de profundidade, foi coberto, segundo o dr. Johnson, por camadas de terra de 15,2 cm a 61 cm. Os cimos das paredes quebradas de um caldário, ou sala de banhos, a 2,7 m de profundidade, também estavam cobertos por quase 61 cm de terra. O topo de um arco, que levava a um antigo local para fogueira, a 2,1 m de profundidade, estava coberto por apenas 20,3 cm de terra. Quando uma construção que não afundou se encontra coberta por terra, devemos supor que ou as camadas de pedra superiores foram em algum momento levadas por alguém, ou a terra de campos vizinhos foi sendo arrastada por chuvas fortes ou soprada pelo vento nas tempestades; é o mais provável de acontecer sobretudo em terrenos que vêm sendo cultivados há muito tempo. Nos casos das ruínas, as terras vizinhas são um tanto mais elevadas do que os três terrenos listados, pelo que pude julgar a partir de mapas e das informações concedidas pelo dr. Johnson. Porém, se um grande amontoado de pedaços de argamassa, pedra, reboco, madeira e cinzas cai sobre os restos de uma construção qualquer, todo ele acabaria escondido sob terra fina devido à desintegração dos próprios materiais e à ação filtrante das minhocas.

CONCLUSÃO

Os exemplos levantados neste capítulo mostram que as minhocas têm sido amplamente responsáveis pelo soterramento e ocultamento de diversas cidades romanas; mas sem dúvida esse trabalho é também em grande parte auxiliado pela terra que cai dos territórios vizinhos mais elevados, bem como pelo depósito de poeira. As paredes velhas e quebradas que despontam na superfície parecem oferecer um abrigo propício ao depósito de poeira. Os pisos de antigos aposentos, corredores e passagens, em sua maioria, afundaram, em parte devido ao assentamento da terra, mas principalmente porque são escavados pelas minhocas; e tendem a afundar mais no centro do que perto das paredes. Estas, por sua vez, quando não têm alicerces muito profundos, são atravessadas e escavadas pelas minhocas e, consequentemente, afundam. Talvez por afundarem de maneira desigual, acabam tendo grandes rachaduras, como podemos ver em muitas paredes antigas, e também por isso ficam inclinadas.

A ação das minhocas na desnudação do solo

Provas do grau de desnudação sofrido pelo solo — Desnudação subaérea — A poeira depositada — A terra vegetal, sua cor escura e sua textura fina devido em grande parte à ação das minhocas — A decomposição das rochas pelos ácidos húmicos — Ácidos semelhantes parecem ser gerados no interior do corpo das minhocas — A ação desses ácidos facilitada pelo movimento contínuo das partículas de terra — Um leito grosso de terra vegetal restringe a desintegração do solo e das rochas inferiores. / Fragmentos de rocha gastos ou triturados na moela das minhocas — Pedras engolidas servem de mó — O estado pulverizado dos dejetos — Os fragmentos de tijolo bastante arredondados nos dejetos de antigas construções — O poder triturador das minhocas não é tão insignificante do ponto de vista geológico

Ninguém duvida que o nosso planeta já foi um dia composto de rochas cristalinas, e que foi graças à decomposição delas — pela ação do ar, da água, das mudanças de temperatura, dos rios e das ondas do mar, dos terremotos e das erupções vulcânicas — que passamos a ter nossas formações sedimentares. E que estas, após terem se consolidado, e às vezes até se cristalizado, sofreram novamente a decomposição. A desnudação é a remoção desses materiais decompostos para níveis inferiores. De todos os resultados impactantes que o progresso da geologia moderna nos trouxe, poucos impressionam tanto quanto os relativos à desnudação. Há muito que se verificou que deve ter havido um grau enorme de desnudação; mas até que se medissem e mapeassem as formações sucessivas, ninguém sabia como tinha sido, de fato, grande. Um dos primeiros e mais memoráveis relatos já publicados foi o de Ramsay,[1] que, em 1846, mostrou que entre 2,7 km e 3,3 km de rocha sólida haviam sido desfeitos em grandes terrenos do País de Gales. Talvez a prova mais evidente das extensas desnudações esteja nas falhas e rachaduras que, em alguns distritos, chegam a correr por muitos quilômetros, dividindo estratos que podem ter até 3 km a mais de altura de um lado do que os estratos correspondentes do outro lado; e, no entanto, não resta na superfície do local qualquer vestígio visível desses enormes deslocamentos. Um amontoado imenso de pedras foi planificado num dos lados sem deixar qualquer resquício.

Há vinte ou trinta anos, a maioria dos geólogos ainda acreditava que as ondas do mar eram o principal agente no trabalho de desnudação; hoje sabemos com segurança que o ar e a água, com o auxílio dos riachos e dos rios, são agentes muito mais poderosos, se considerarmos toda a extensão de um terreno. Antes, tomava-se como fato que as longas escarpas enfileiradas que se estendem por diversas partes da Inglaterra tivessem sido antigas linhas costeiras; hoje sabemos que elas permanecem elevadas para além do nível médio simplesmente porque resistiram mais ao ar, às chuvas e às geadas do que as formações em volta. Foram raros os geólogos que tiveram a sorte de, com um só relato, colocar na mente de seus colegas uma nova convicção acerca de um tema controverso; mas o sr. Whitaker, do

Geological Survey of England, teve essa oportunidade quando, em 1867, publicou seu artigo "On Sub-aerial Denudation, and on Cliffs and Escarpments of the Chalk" [Sobre a desnudação subaérea e os penhascos e escarpas de giz].² Antes que esse artigo saísse, o sr. A. Tylor havia juntado provas importantes sobre a desnudação subaérea, que mostravam que a quantidade de matéria arrastada por um rio inevitavelmente abaixa o nível de suas bacias de drenagem num intervalo de tempo que está longe de ser imenso. Essa linha de raciocínio vem sendo continuada, desde então, por Archibald Geikie, Croll e outros, numa série de relatos notáveis.³ Em consideração àqueles que não estão familiarizados com o assunto, um exemplo em particular pode ser apresentado aqui: o do Mississípi, escolhido porque a quantidade de sedimentos arrastados por esse grande rio tem sido investigada com muito zelo por ordem do governo dos Estados Unidos. O resultado, como mostra o sr. Croll, é que o nível médio de sua enorme área de drenagem deve baixar 0,067 mm a cada ano, ou 1 mm a cada 4566 anos. Logo, se fizermos uma estimativa a partir da altura média do continente norte-americano — 228 m — e olharmos para o futuro, toda a bacia do Mississípi será arrastada e "rebaixada ao nível do mar em menos de 4,5 milhões de anos caso não haja qualquer elevação do terreno". Alguns rios arrastam com suas correntes uma quantidade ainda maior de sedimentos em relação a seu tamanho, mas outros, menos do que o Mississípi.

 A matéria decomposta é carregada pelo vento e pela água corrente. Em qualquer país árido, o vento exerce um papel importante em sua remoção. E incontáveis pedras são trituradas em erupções vulcânicas e acabam sendo amplamente espalhadas dessa maneira. A areia que é levada pelos ventos também corrói até as pedras mais duras. Já expus[4] como, durante quatro meses por ano, grande quantidade de poeira é soprada das praias do noroeste africano e vem a cair no Atlântico, numa extensão de 2.575 km no sentido norte-sul e a uma distância entre 480 km e 965 km da costa. Mas já houve relatos de poeira caindo a uma distância de cerca de 1.660 km das praias da África. Durante as três semanas que passei em Santiago, no arquipélago de Cabo Verde, a atmosfera estava quase sempre opaca, e não parava de cair uma poeira extremamente fina vinda da África. Em meio a essa poeira, que se precipitou no mar aberto a uma distância entre 530 km e 610 km da costa africana, havia muitos fragmentos de pedra de cerca de 0,0254 mm². Contam que, mais perto da costa, a água já ficou tão tingida pela poeira que uma embarcação deixou para trás um rastro ao sair. Em países como o arquipélago de Cabo Verde, onde chove pouco e não há geadas, as rochas sólidas ainda assim se desintegram; e, de acordo com as opiniões recentemente proferidas pelo renomado geólogo belga De Koninck, essa desintegração pode ser provocada em parte pela ação dos ácidos carbônico e nítrico, além dos nitratos e nitritos de amônia dissolvidos no orvalho.

Em todo país muito úmido, ou até mesmo moderadamente úmido, as minhocas ajudam no trabalho de desnudação, de mais de uma maneira. Toda a terra vegetal que cobre, como um manto, a superfície da terra, passou muitas vezes por dentro de seu corpo. A aparência da terra vegetal difere da do subsolo pela cor escura e pela ausência dos fragmentos ou partículas de pedra (que ocorrem no subsolo) maiores do que aqueles que podem passar pelo canal alimentar de uma minhoca. O solo é filtrado também, como já mencionado, pelos vários tipos de animal que cavam ou se entocam, sobretudo as formigas. Nos países onde o verão é longo e seco, a terra vegetal de locais protegidos certamente aumenta em muito pela quantidade de poeira que é soprada a partir de lugares mais expostos. Por exemplo: a quantidade de poeira que às vezes sopra pelas planícies de La Plata, onde não existem rochas sólidas, é tão grande que, durante o *gran seco*, de 1827 a 1830, a aparência daquelas terras, que não são cercadas, mudou tão completamente que os habitantes não eram mais capazes de reconhecer os limites de suas propriedades, o que gerou infindáveis ações judiciais. Uma quantidade imensa de poeira também é soprada sobre o Egito e o sul da França. Na China, afirma Richthofen, leitos que parecem ser de um sedimento fino de alguns metros de espessura, que se espraiam por uma área enorme, devem sua origem à poeira que sopra desde as terras elevadas da Ásia Central.[5] Em países úmidos, como a Grã-Bretanha, não há muito como a terra vegetal ser avolumada pela poeira se os terrenos forem mantidos em seu estado natural, revestidos de vegetação; mas, no estado atual, os campos próximos às rodovias onde há muito tráfego devem receber uma quantidade considerável de poeira, e quando são arados em tempos secos e com muito vento, é possível ver nuvens de poeira subindo. Mas em todos esses casos é apenas a camada superficial do solo que é transportada de um lugar a outro. A poeira que cai abundantemente em nossa casa consiste principalmente em matéria orgânica e, se fosse espalhada por um campo, acabaria por se decompor e desaparecer quase por completo. Mas observações recentes feitas nos campos de neve eterna das regiões árticas sugerem que há também uma queda constante de pequena quantidade de poeira extraterrestre, vinda dos meteoros.

A coloração escura da terra vegetal comum se deve, é claro, à presença de material orgânico em decomposição — que constitui, porém, apenas uma parte pequena do todo. A perda de peso que a terra sofre quando aquecida até ficar em brasa parece ser explicada em boa parte pela dispersão da água que há em sua composição. Numa amostra de terra vegetal fértil, verificou-se que a quantidade de matéria orgânica correspondia a apenas

1,76%; num solo preparado artificialmente, a quantidade chegava a 5,5%, e a famosa terra preta da Rússia tem entre 5% e 12% de matéria orgânica.[6] Na compostagem de folhas secas, formada exclusivamente pela decomposição das folhas, a quantidade é muito maior; e, na turfa, só o carbono corresponde a 64% do todo. Mas não nos interessam esses últimos casos. O carbono do solo tende a se oxidar e desaparecer de maneira gradual, exceto quando há água acumulada e clima fresco;[7] de modo que nos mais antigos campos para pasto não há um excesso de matéria orgânica, a despeito da decomposição contínua de raízes e caules subterrâneos de plantas e da eventual aplicação de esterco. O desaparecimento da matéria orgânica da terra vegetal provavelmente se deve à ação das minhocas, que a devolvem à superfície repetidas vezes, sempre que expelem seus dejetos.

Mas as minhocas, por sua vez, fazem grandes acréscimos à matéria orgânica no solo pela quantidade impressionante de folhas semidecompostas que arrastam para dentro de suas galerias, a uma profundidade de 5 cm ou 7,6 cm. Elas o fazem sobretudo para obter alimento, mas também para tampar a entrada das galerias e lhes forrar os canais superiores. As folhas que elas consomem são umedecidas, rasgadas em pedaços menores, parcialmente digeridas e combinadas minuciosamente à terra; é esse processo que dá à terra vegetal sua cor escura e uniforme. É sabido que vários ácidos diferentes são gerados pela decomposição da matéria vegetal; pelo conteúdo do intestino das minhocas, e também pelo fato de seus dejetos serem ácidos, parece plausível que o processo de digestão produza uma mudança química análoga nas folhas engolidas, trituradas e semidecompostas. A grande quantidade de carbonato de cal secretada pelas glândulas calcíferas parece servir para neutralizar o ácido gerado; pois o fluido digestivo das minhocas só agirá se ele for alcalino. Como o conteúdo da parte superior de seu intestino é ácido, não podemos justificar essa acidez pela presença do ácido úrico. Podemos concluir então que os ácidos do canal alimentar das minhocas são formados durante o processo digestivo; e que devem ter as mesmas qualidades que aqueles encontrados no humo comum. É muito conhecida a capacidade desses últimos de desoxidar ou dissolver o peróxido de ferro, como se pode observar quando há uma sobreposição de turfa e areia vermelha, ou quando uma raiz apodrecida penetra esse tipo de areia. Ora, eu cultivo algumas minhocas num vaso preenchido com areia vermelha bastante fina, que é formada de fragmentos de sílex recobertos por óxido de ferro avermelhado; as galerias que as minhocas abrem nessa areia foram forradas da maneira habitual, com dejetos que, por sua vez, haviam sido formados pela areia misturada às secreções intestinais e aos restos de folhas digeridas; aí, então, a areia havia perdido quase toda a coloração vermelha. Quando pequenas porções desses dejetos foram observadas ao microscópio, viu-se que a maioria dos grãos de areia estava transparente e sem cor devido à dissolução do óxido; ao mesmo tempo, todos os grãos colhidos em outras partes do vaso estavam recobertos pelo óxido. O ácido acético praticamente não teve efeito sobre essa areia; e até mesmo os ácidos hidroclorídrico, nítrico e sulfúrico, diluídos de acordo com a farmacopeia, tiveram menos efeito do que os ácidos intestinais das minhocas.

Recentemente, o sr. A. A. Julien coletou todas as informações disponíveis sobre os ácidos gerados no humo, os quais, segundo alguns químicos, dividem-se em mais de doze tipos diferentes. Esses ácidos, bem como seus sais ácidos (ou seja, as combinações com potassa, soda e amônia), agem energicamente sobre o carbonato de cal e os óxidos de ferro. Também é sabido que alguns deles (chamados no passado de azo-húmicos por Thénard) conseguem dissolver a sílica coloidal, a depender da quantidade de nitrogênio que possuem.[8] As minhocas podem ter alguma participação na formação desses últimos, pois o dr. H. Johnson me informa que, pelo reagente de Nessler, ele encontrou 0,018% de amônia em seus dejetos.

Os diferentes ácidos húmicos — que, como vimos acima, parecem ser gerados no interior do corpo das minhocas ao longo do processo digestivo —, bem como os sais ácidos, desempenham um papel extremamente importante na decomposição de vários tipos de rocha, como recentemente observou o sr. Julien. Há muito se sabe que o ácido carbônico, e sem dúvida os ácidos nítrico e nitroso, que estão presentes na água da chuva, agem da mesma maneira. Há, além disso, excesso de ácido carbônico em todos os solos, sobretudo nos mais ricos, e esse excesso é dissolvido pela água que neles existe. Também as raízes vivas das plantas rapidamente corroem e deixam marcas em placas de mármore polido, dolomita e fosfato de cálcio, como Sachs e outros mostraram. Elas atacam até mesmo o basalto e o arenito.[9] Mas não nos interessam aqui os agentes que prescindem por completo da ação das minhocas.

É muito mais fácil combinar qualquer ácido com uma base se os agitamos, como nas superfícies onde novos materiais são o tempo todo postos em contato. É o que ocorre de modo intenso com as partículas de pedra e terra dentro do intestino das minhocas, no processo digestivo; devemos lembrar que toda massa de terra vegetal que cobre os campos passa pelo canal alimentar delas no decorrer de alguns poucos anos. Ademais, à medida que as velhas galerias colapsam e novos dejetos são trazidos à superfície, toda a camada superficial de terra vegetal é lentamente revolvida; o atrito entre as partículas acaba por friccionar e remover até as películas mais finas de matéria decomposta no momento em que elas se formam. Por esses meios diversos, os menores fragmentos de rochas variadas e as simples partículas do solo são constantemente expostos à decomposição química; assim, a quantidade de solo tende a crescer.

Como as minhocas forram suas galerias com dejetos, e como as galerias penetram a terra a uma profundidade de 1,5 m a 1,8 m ou até mais, uma quantidade pequena de ácido húmico é levada a níveis muito profundos e acaba por agir sobre as pedras e fragmentos de rochas do subsolo. Assim, a espessura do solo — se nenhuma quantidade for retirada da superfície — aumenta de maneira consistente, embora lenta. Mas, passado algum tempo, o acúmulo provoca um atraso na desintegração das partículas e das rochas assentadas em níveis mais profundos. Pois os ácidos húmicos, que se originam sobretudo na camada superior da terra vegetal, são compostos extremamente instáveis e suscetíveis de ser decompostos antes de atingir uma profundidade considerável.[10] O alcance mais profundo das grandes variações de temperatura é também controlado pelos leitos espessos de solo das camadas superiores, que nos países frios são um empecilho para a ação poderosa da geada. O acesso livre ao ar também é impedido. A partir dessas causas diversas, a decomposição poderia ser quase interrompida caso a espessura da terra vegetal nas camadas superiores aumentasse demais por não ser retirada minimamente da superfície.[11] Na minha própria vizinhança há um exemplo curioso de como alguns poucos centímetros de argila são eficientes no controle das mudanças que ocorrem em pedras de sílex expostas ao ar livre; as maiores, que se encontram há algum tempo na superfície de campos cultivados, não podem ser usadas em construções porque não é possível quebrá-las em lascas apropriadas. Os trabalhadores dizem que elas estão estragadas.[12] Por isso, o sílex usado para fins de construção precisa ser encontrado dentro de um leito de argila vermelha sobre o giz (que é um resíduo de sua dissolução pela água da chuva) ou no próprio giz.

As minhocas não participam apenas da decomposição química indireta das rochas. Há também boas razões para crer que elas agem de modo semelhante, porém direto e mecânico, sobre as partículas menores. Todas as espécies que engolem terra são dotadas de moela; e essa moela é forrada por uma membrana quitinosa tão grossa que Perrier se refere a ela como "*une véritable armature*" [uma verdadeira armadura].[13] A moela é rodeada por músculos transversais poderosos que, segundo Claparède, são dez vezes mais grossos que os músculos longitudinais; e Perrier os observou contraindo-se vigorosamente. As minhocas pertencentes ao gênero *Digaster* possuem duas moelas distintas, embora muito semelhantes; e outro gênero, o *Moniligaster*, possui uma segunda moela formada por quatro compartimentos sucessivos, de modo que poderíamos quase afirmar que ele possui cinco moelas.[14] As minhocas terrícolas parecem fazer o mesmo que as aves galináceas e estrutioniformes, que engolem pedras para ajudar na trituração de alimentos. A moela de 38 das nossas minhocas comuns foram abertas, e em 25 delas foram encontradas pequenas pedras ou grãos de areia, às vezes acompanhados de concreções calcárias sólidas, formadas nas glândulas calcíferas anteriores; em duas outras moelas havia apenas essas concreções. Nas moelas remanescentes, não havia pedras; mas algumas dessas não chegavam a ser exceções de fato, porque as moelas foram abertas no final do outono, quando as minhocas tinham parado de se alimentar e suas moelas estavam bastante esvaziadas.[15]

Quando as minhocas cavam suas galerias em terra onde há abundância de pedregulhos, é certo que muitos deles são inevitavelmente engolidos; mas não se deve concluir que é por isso que encontramos pedras e areia com tanta frequência na moela. Espalhamos contas de vidro, fragmentos de tijolo e de azulejos hidráulicos na superfície da terra em vasos que eram habitados por minhocas e onde elas já tinham cavado suas galerias; e muitos desses fragmentos e contas foram apanhados e engolidos pelas minhocas, porque os encontramos depois em seus dejetos, intestino e moela. Elas engoliram até mesmo a poeira grossa e vermelha gerada pelo atrito entre os azulejos. Seria igualmente errado pressupor que confundem as contas e os fragmentos com comida; pois já observamos que o paladar das minhocas é delicado o bastante para discernir os tipos diferentes de folhas. Portanto, é evidente que elas engolem objetos duros, como pedaços de pedra, contas de vidro e fragmentos angulosos de tijolos ou azulejos, com algum propósito particular. E não restariam dúvidas de que esse propósito é auxiliar a moela a triturar e moer a terra, que elas consomem tão frequentemente. Que esses objetos duros sejam desnecessários na trituração de folhas é algo que podemos deduzir do fato de que algumas espécies que vivem na lama ou na água e se alimentam de matéria vegetal viva ou morta, mas que não engolem a terra, são desprovidas de moela[16] e, portanto, não têm a capacidade de utilizar as pedras.

No processo de moagem, as partículas de terra precisam ser friccionadas, tanto entre si como contra a membrana rígida que forra a moela. As partículas menos duras sofrem, assim, algum desgaste, podendo chegar a ser trituradas. Essa conclusão é corroborada pela aparência dos dejetos recém-expelidos, que muitas vezes lembra a da tinta entre duas pedras planas quando os trabalhadores acabam de raspá-la. Morren comenta que o canal intestinal é *"impleta tenuissimâ terrâ, veluti in pulverem redactâ"* [preenchido de uma terra finíssima, como que reduzida a pó].[17] Perrier também fala de *"l'état de pâte excessivement fine à laquelle est réduite la terre qu'ils rejettent"* [o estado da massa excessivamente fina a que a terra que elas expelem é reduzida] etc.[18]

Visto que o grau de trituração sofrido pelas partículas de terra na moela das minhocas é de algum interesse (como veremos em seguida), dediquei-me a colher provas a esse respeito, examinando com cuidado muitos dos fragmentos que haviam passado pelo canal alimentar. No caso das minhocas que vivem em estado natural, é evidentemente impossível saber o quanto os fragmentos estavam gastos antes de serem engolidos. No entanto, está claro que as minhocas não costumam selecionar partículas já arredondadas: os pedaços mais angulosos e afiados de sílex e outras pedras duras foram muitas vezes encontrados na moela ou no intestino. Houve três ocorrências em que encontramos dentro delas espinhos afiados de caules de roseiras. As minhocas confinadas engoliram repetidas vezes fragmentos angulosos de azulejos, carvão, cinzas e até cacos de vidro, mais afiados. As aves galináceas e estrutioniformes guardam as mesmas pedras na moela por bastante tempo, e elas acabam ficando arredondadas; mas não parece ser este o caso das minhocas, a julgar pela grande quantidade de fragmentos de azulejos, contas de vidro, pedras etc. que encontramos com frequência em seus dejetos e intestinos. Então, com a exceção, talvez, das pedras muito macias, não podemos contar com sinais visíveis de desgaste nesses fragmentos — a menos, quem sabe, que o mesmo fragmento fosse digerido repetidas vezes.

Ofereço, então, as provas de desgaste que pude coletar. Na moela de algumas das minhocas colhidas numa camada fina de terra vegetal sobre o giz havia muitos pedacinhos redondos de giz e dois pedaços de concha de algum molusco terrestre (como se pôde averiguar pela estrutura microscópica), que estavam não apenas arredondados, mas também um tanto polidos. As concreções calcárias formadas nas glândulas calcíferas, que são encontradas com frequência na moela, no intestino e ocasionalmente nos dejetos das minhocas, quando são grandes, parecem às vezes que foram arredondadas; mas, como é o caso de toda massa calcária, a aparência arredondada pode ser em parte ou totalmente provocada pela corrosão por ácido carbônico e ácidos húmicos. Na moela de diversas minhocas coletadas na minha horta caseira, próximo a uma estufa, encontramos oito pequenos fragmentos de carvão e, destes, seis pareciam ser mais ou menos redondos; o mesmo vale para dois pedaços de tijolo. Porém, alguns outros fragmentos nada tinham de redondo. Uma estrada rural perto da mansão de Abinger passou sete meses coberta por uma camada de restos de tijolo de cerca de 15 cm de espessura; dos dois lados da estrada havia crescido sobre esse entulho uma relva de 45,7 cm de largura, na qual havia incontáveis dejetos. Alguns deles tinham uma cor vermelha uniforme, devido à vasta presença de pó de tijolo, e continham muitas partículas de tijolo e de argamassa sólida medindo entre 1 mm e 3 mm de diâmetro. A maior parte delas estava bem redonda. Mas é possível que todas tivessem sido arredondadas antes de serem protegidas pela relva e engolidas, como as que estavam nas partes descobertas da estrada e que eram bastante gastas. Mais ou menos na mesma época — cerca de sete anos atrás — um buraco num pasto foi preenchido com restos de tijolo, e hoje se encontra coberto por relva. Nesse local, os dejetos continham incontáveis partículas de tijolo, e todas estavam razoavelmente redondas. Esses restos de tijolo certamente não poderiam ter sofrido qualquer desgaste após terem sido despejados no buraco. Ainda outra vez, alguns tijolos velhos, mas pouco quebrados, foram assentados com fragmentos de argamassa para formar um caminho. Em seguida, foram cobertos com algo entre 10,2 cm e 15,2 cm de cascalho. Seis pequenos fragmentos de tijolo foram extraídos dos dejetos coletados nesse caminho. Três deles estavam claramente desgastados. Havia também fragmentos de argamassa endurecida em abundância, metade dos quais estava arredondada; é difícil crer que o único responsável por tamanha corrosão ao longo de sete anos fosse o ácido carbônico.

Os pequenos fragmentos de azulejos, tijolo e concreto encontrados nos dejetos expelidos em lugares onde no passado havia construções oferecem uma comprovação muito melhor do desgaste que ocorre no interior da moela das minhocas. Como toda a terra vegetal que cobre um campo passa, de poucos em poucos anos, pelo corpo das minhocas, os mesmos pequenos fragmentos são provavelmente engolidos e trazidos à superfície muitas vezes no correr dos séculos. Nos casos a seguir, deve-se ter em mente que, primeiro, enxaguamos a matéria mais fina dos dejetos e, em seguida, *todos* os pedaços de tijolo, azulejo e concreto foram coletados sem fazer distinção, para depois serem examinados. Nos dejetos expelidos em meio aos mosaicos de um dos pavimentos enterrados da casa romana de Abinger havia muitas partículas (entre 0,5 mm e 2 mm de diâmetro) de azulejo e concreto que nem sequer eram visíveis sob uma forte lente de aumento, que dirá a olho nu; seria impossível duvidar que praticamente todas sofreram grandes desgastes. É o que posso afirmar depois de ter examinado pequenos pedregulhos formados pela ação da água sobre tijolos romanos; o sr. Henri de Saussure teve a gentileza de os enviar após extraí-los da areia e dos leitos de cascalho depositados nas margens do lago de Genebra, num período remoto, quando a água chegava a cerca de 2 m acima de seu nível atual. A menor dessas pedrinhas de tijolo gasto pelas águas do Genebra tinha grande semelhança com aquelas extraídas da moela das minhocas. As maiores eram, porém, um pouco mais lisas.

Quatro dejetos encontrados no piso de mosaicos recentemente descoberto do grande salão da casa romana de Brading continham muitas partículas de telha, ou tijolo, de argamassa e de cimento branco endurecido. A maioria delas tinha a aparência evidentemente gasta. As de argamassa, no entanto, pareciam ter sofrido mais corrosão do que desgaste por atrito, porque os grãos de sílex muitas vezes despontavam na superfície. Os dejetos encontrados na nave da Abadia de Beaulieu, que foi destruída por Henrique VIII, foram coletados numa extensão plana do gramado que cobre o pavimento de mosaicos soterrado, por onde correm muitas galerias de minhocas; e esses dejetos continham incontáveis fragmentos de telha, tijolo, concreto e cimento. A maior parte deles tinha sofrido algum grau de desgaste ou estava mesmo muito desgastada. Havia também muitas pequenas lascas de um xisto micáceo, e suas pontas estavam arredondadas. Se a hipótese mencionada acima — de que, em todos esses exemplos, os mesmos fragmentos mínimos passaram várias vezes pela moela das minhocas — for rejeitada, apesar de sua plausibilidade inerente, devemos então pressupor que, em todos os casos mencionados, os muitos fragmentos arredondados que encontramos nos dejetos sofreram por acidente um grande desgaste e só depois disso foram engolidos; o que seria bastante improvável.

Por outro lado, é preciso registrar que os fragmentos de ladrilho hidráulico — um pouco mais duros do que azulejos comuns ou tijolos —, que só foram engolidos pelas minhocas confinadas, não ficaram arredondados, com a possível exceção de um ou dois dos menores grãos. No entanto, alguns deles pareciam estar um pouco gastos, embora não redondos. Apesar desses casos, se considerarmos as provas oferecidas acima, restam poucas dúvidas de que os fragmentos, que servem de mó na moela das minhocas, sofrem algum grau de desgaste, exceto os que têm uma composição muito dura; e que as menores partículas que há na terra, que costuma ser engolida numa quantidade surpreendentemente grande pelas minhocas, são trituradas em conjunto e, enfim, pulverizadas. Se isso estiver correto, a "*terrâ tenuissimâ*", a "*pâte excessivement fine*", que compõe em grande parte os dejetos, deve-se à ação mecânica da moela;[19] e essa matéria fina, como veremos no próximo capítulo, é a mesma que escorre dos dejetos em grande quantidade pelos campos quando há chuvas fortes. As pedras mais macias tendem a ceder um pouco; já as mais duras sofrem, digamos, pequenos abalos.

A trituração de pequenas partículas de pedra na moela das minhocas tem uma importância maior do ponto de vista geológico do que pode parecer à primeira vista; o sr. Sorby, afinal, expôs com clareza que tanto menor é a força dos modos comuns de decomposição — as águas correntes e as ondas do mar — quanto menores forem os fragmentos de pedra. "Portanto", ele afirma,

> sem fazer qualquer desconto das partículas ínfimas que boiam numa corrente de água, a depender da tensão de superfície, os efeitos do desgaste nas formas dessas partículas devem necessariamente variar de acordo com seu diâmetro, ou medidas. Assim sendo, um grão de 2,5 mm de diâmetro seria dez vezes mais desgastado do que um de 0,25 mm de diâmetro, e ao menos cem vezes mais desgastado do que um de 0,025 mm de diâmetro. Assim, então, podemos talvez concluir que um grão de 2,5 mm de diâmetro seria desgastado o mesmo tanto ou mais se fosse arrastado por 1 km do que um grão de 0,025 mm o seria em 100 km. Pelo mesmo princípio, um pedregulho de 2,54 cm de diâmetro sofreria um desgaste relativamente maior se fosse arrastado por apenas algumas centenas de metros".[20]

Também devemos lembrar, ao considerarmos o poder que as minhocas exercem triturando os pedaços de pedra, que há provas convincentes de que em cada acre de terra minimamente úmida, e que não seja muito arenosa, pedregosa ou cheia demais de cascalhos para que as minhocas a habitem, um montante de mais de 10 t de terra passa pelo corpo delas a cada ano e é trazido à superfície. O resultado disso num país do tamanho da Grã-Bretanha, num período não muito longo do ponto de vista geológico — um milhão de anos, digamos —, não será irrelevante; pois se tomarmos as 10 t de terra e multiplicarmos primeiro esse valor pelo número de anos descrito acima e, em seguida, pelo número de acres plenamente habitados por minhocas — na Inglaterra e na Escócia estima-se serem mais de 32 milhões de acres de terra bem cultivada e adequada a esses animais —, chegaremos ao resultado de 320 trilhões de toneladas de terra.

A desnudação do solo — *continuação*

Auxiliada por dejetos recém-expelidos que deslizam morro abaixo em superfícies cobertas por grama — A quantidade de terra que desliza morro abaixo a cada ano — O efeito da chuva tropical sobre os dejetos de minhoca — As partículas mais finas da terra totalmente enxaguadas dos dejetos — A decomposição dos dejetos secos em pelotas e o rolamento delas por superfícies inclinadas — A formação de pequenas saliências nas encostas de morros, em parte devido ao acúmulo de dejetos decompostos — Dejetos soprados na direção do vento sobre terrenos planos — Uma tentativa de calcular a quantidade soprada dessa maneira — A degradação de antigos acampamentos e túmulos — A preservação de cumes e sulcos em terras outrora cultivadas — A formação e a quantidade de terra vegetal sobre as formações calcárias

Estamos agora prontos para considerar a ação mais direta das minhocas na desnudação do solo. Enquanto refletia a respeito da desnudação subaérea, me pareceu — como muitos outros já haviam pensado — que uma superfície razoavelmente plana ou apenas levemente inclinada, coberta de vegetação, não sofreria perdas nem mesmo num amplo escopo temporal. No entanto, alguém poderia dizer que, em intervalos longos, as grandes chuvas ou trombas d'água removeriam toda a terra vegetal de um terreno de inclinação mínima; mas quando examinei os morros íngremes e cobertos de relva em Glen Roy, fui surpreendido pela raridade desses eventos desde a era glacial: as três "estradas" sucessivas ou margens do lago estavam muito bem preservadas. Agora, a dificuldade de aceitar que a terra, em qualquer quantidade minimamente considerável, possa ser removida de uma superfície muito pouco inclinada, coberta de vegetação e trançada de raízes, é desfeita pela ação das minhocas. Pois uma generosa quantidade de dejetos que são expelidos durante uma chuva, bem como os que o são logo antes de uma tempestade, corre morro abaixo em distâncias curtas. Além disso, os dejetos são totalmente enxaguados de boa parte da terra mais fina e pulverizada. Nas épocas de seca, os dejetos costumam se decompor em pelotas pequenas e redondas, que tendem a rolar morro abaixo devido a seu peso. A tendência é ainda maior quando o vento dá início ao movimento, ou, provavelmente, quando o toque de um animal, por menor que seja, a impele. Também veremos como mesmo num terreno plano um vento forte é capaz de mover, na direção que sopra, os dejetos que ainda não endureceram; e o mesmo se dá com as pelotas quando estão secas. Se o vento soprar na mesma direção de uma superfície inclinada, ele ajuda ainda mais no escoamento dos dejetos.

Ofereço agora, com mais detalhes, as observações em que baseio essas várias afirmações. Quando expelidos, os dejetos são viscosos e macios; quando chove (esse parece ser o momento preferido das minhocas para os expelir), tornam-se ainda mais macios, a tal ponto que por vezes pensei que as minhocas deviam engolir muita água nessas situações. Em todo caso, a chuva, mesmo que não seja forte, se for persistente, deixa os dejetos frescos quase fluidos. E, num terreno plano, eles se esparramam em discos achatados e finos, como aconteceria com o mel ou uma argamassa muito aguada; qualquer traço vermiforme que possuíssem seria perdido. Esse fato ficou evidente quando uma minhoca perfurou um desses discos achatados e deixou sobre ele, no centro, uma massa vermiforme fresca. Encontrei esses discos chatos e afundados repetidas vezes após chuvas fortes, em muitos lugares diferentes e em todo tipo de terreno.

SOBRE O ESCOAMENTO DOS DEJETOS MOLHADOS, E O ROLAMENTO DOS DEJETOS SECOS E DECOMPOSTOS NAS SUPERFÍCIES INCLINADAS

Quando os dejetos são expelidos numa superfície inclinada durante ou logo após uma chuva forte, é inevitável que escoem morro abaixo, ainda que pouco. Assim, em alguns morros íngremes de Knowle Park cobertos por uma grama não cultivada, que aparentemente estava ali desde tempos imemoriais, descobri (22 de outubro de 1872) que, na sequência de vários dias chuvosos, quase todos os dejetos se enfileiravam notavelmente pela encosta do morro; e que estavam todos macios e em formato apenas ligeiramente cônico. Nas ocasiões em que pude encontrar a entrada de uma galeria de onde a terra fora expelida, havia mais terra do lado de dentro do que de fora. Após fortes temporais (25 de janeiro de 1872), visitei dois campos perto de Down que costumavam ser arados mas que, àquela altura, encontravam-se parcamente cobertos de grama. Ali havia muitos dejetos espalhados pelas encostas, cobrindo distâncias de 12,7 cm, o que é o dobro ou o triplo do diâmetro normal dos dejetos expelidos nas partes planas desses mesmos campos. Nas belas encostas dos gramados de Holwood Park, inclinados em ângulos de 8 graus a 11°30' em relação ao horizonte, que pareciam jamais ter sofrido a intervenção da mão humana, havia uma abundância extraordinária de dejetos; e um trecho de 40,6 cm de comprimento na transversal do declive e 15,2 cm na mesma direção dele estava completamente coberto por uma lâmina uniforme de dejetos amalgamados e assentados em meio às folhas da grama. Aqui também, em muitos lugares, os dejetos haviam escoado morro abaixo, formando pequenos trechos de terra lisos e estreitos de 15,2 cm, 17,8 cm e 19 cm de comprimento. Alguns deles eram formados por dois dejetos sobrepostos, tão amalgamados que era quase impossível distingui-los. No meu gramado, coberto de uma grama muito fina, a maior parte dos dejetos é preta, mas alguns são amarelos por causa da terra que é trazida desde uma profundidade maior do que a habitual. No ponto da encosta em que a inclinação é de 5 graus foi possível ver nitidamente esses dejetos amarelos sendo escoados após as chuvas fortes. E onde a inclinação é menor do que 1 grau, ainda assim foi possível detectar indícios de que tinham escorrido. Em outra ocasião, após uma chuva que em nenhum momento chegou a ser forte, mas que durou dezoito horas, todos os dejetos nessa mesma porção ligeiramente inclinada do gramado haviam perdido a estrutura vermiforme; e tinham escorrido, de modo que dois terços da terra expelida se encontravam do lado de dentro da entrada das galerias.

Essas observações me levaram a fazer outras com um cuidado maior. Encontrei oito dejetos no meu gramado em meio às folhas de grama finas e amontoadas, e outros três num campo de grama não cultivada. A inclinação da superfície nos onze locais onde esses dejetos foram coletados variava entre 4°30' e 17°30'; a média de elevação era de 9°26'. Primeiro, o comprimento dos dejetos que estavam na mesma direção que a inclinação foi medido com o máximo de precisão possível considerando suas formas irregulares. Foi possível tomar essas medidas até mais ou menos 3,2 mm, mas um dos dejetos tinha o formato tão irregular que não pudemos medi-lo. O comprimento médio dos dez dejetos remanescentes que estavam na direção da inclinação era de 5,15 cm. Então, com uma faca, esses dejetos foram divididos em duas partes sobre as linhas perpendiculares à entrada das galerias, que foram descobertas ao apararmos a grama. A terra expelida — a que estava acima da galeria e a que caiu dentro da abertura — foi coletada separadamente. Em seguida, foi pesada. Em todos os casos havia muito mais terra do lado de dentro do que fora; o peso médio da terra sobre a superfície era de 6,7 g, enquanto o da terra dentro das galerias era de 13,3 g. Logo, o segundo grupo pesava quase o dobro do primeiro. Considerando que, num terreno plano, os dejetos costumam ser expelidos em volta da abertura das galerias de maneira bastante uniforme, essa diferença de peso sugere a quantidade de terra expelida que deve ter escorrido morro abaixo. Mas seria preciso observar muitos outros casos para chegarmos a um resultado geral; afinal, o tipo de vegetação e outras circunstâncias acidentais, como a força da chuva, a direção e força do vento etc., parecem exercer sobre a quantidade de terra escorrida uma influência mais importante do que o ângulo do declive. Portanto, no caso dos quatro dejetos no meu gramado (incluídos nos onze mencionados acima), onde a média de inclinação é de 7°19', a diferença na quantidade de terra sobre as galerias ou dentro delas era maior do que no caso dos três outros dejetos encontrados no mesmo gramado, onde a inclinação média era de 12°5'.

Podemos, no entanto, tomar os onze casos mencionados acima, que são precisos dentro de um escopo, e calcular o peso da terra expelida que, num ano, escorre morro abaixo num declive de 9°26'. Foi o que meu filho George fez. Já mostramos que quase dois terços exatos da terra expelida são encontrados dentro da entrada da galeria, e um terço dela acima da superfície. Ora, se esses dois terços de dentro da galeria fossem divididos em duas partes iguais, e a parte superior fosse exatamente equivalente àquele terço que estava acima do buraco, então, no que diz respeito ao terço de cima e ao terço de baixo, não há nenhum fluxo de terra morro abaixo. A terra que constitui a metade inferior dos dois terços, no entanto, é deslocada por distâncias que mudam a cada momento, mas que podem ser representadas pela distância que existe entre o ponto médio da metade inferior dos dois terços e o buraco. Assim, a distância média de deslocamento é de metade da extensão total do dejeto. Como o comprimento médio de dez dos onze dejetos elencados foi de 5,15 cm, podemos dizer que metade disso é aproximadamente 2,5 cm. Portanto, chegamos à conclusão de que um terço de toda a terra que é trazida à superfície foi, nesses casos, escoada morro abaixo pela distância de 2,5 cm.

No terceiro capítulo mostramos como, em Leith Hill Common, as minhocas levaram à superfície pelo menos 3,38 kg de terra seca numa área de cerca de 91,4 cm^2 no decorrer de um ano. Se essa mesma área fosse traçada num morro, mantendo duas de suas laterais na horizontal, poderíamos ter certeza de que apenas $1/36$ da terra levada à superfície dentro desse quadrado estaria perto o bastante da lateral inferior a ponto de poder ultrapassar esse perímetro, se assumirmos que o deslocamento da terra é mesmo de 2,5 cm. Aparentemente, entretanto, só podemos considerar que um terço da terra levada à superfície pode escorrer; portanto, seria um terço de $1/36$, ou $1/108$ de 3,38 kg. Ora, $1/108$ de 3,38 kg são aproximadamente 31,3 g. Portanto, 31,3 g de terra seca cruzam por ano uma extensão horizontal de 91,4 cm num morro que tenha a inclinação mencionada acima; ou cerca de 3,2 kg por ano atravessam horizontalmente cerca de 91 m num morro com esse grau de inclinação.

Um cálculo mais preciso, embora ainda bastante aproximado, pode ser feito a partir do montante de terra que, em seu estado naturalmente úmido, cai a cada ano pela mesma encosta por uma linha de cerca de 91,4 cm traçada na horizontal. Sabe-se, pelos diversos exemplos descritos no terceiro capítulo, que os dejetos que as minhocas depositam na superfície a cada ano, numa área de aproximadamente 91,4 cm², renderiam uma camada de 5 mm de espessura se espalhados de maneira uniforme. Portanto, por cálculos semelhantes aos já exibidos (⅕ × 0,2 × 36), ou 2,4 polegadas cúbicas (39,3 cm³) de terra úmida atravessariam por ano uma linha horizontal de 90 cm de comprimento traçada na encosta de um morro com o grau de inclinação estipulado acima. Verificamos que esse volume de dejetos úmidos pesa 52,5 g. Portanto, 5,2 kg de terra úmida, e não 3,2 kg de terra seca, como haviam mostrado os cálculos anteriores, cruzariam anualmente uma linha de 91,4 cm de comprimento em nossa superfície inclinada.

Nesses cálculos, partimos do pressuposto de que os dejetos escorrem ou caem por distâncias curtas durante todo o ano, mas na verdade isso só se dá com os dejetos expelidos durante ou logo após uma chuva; portanto, os resultados anteriores são bastante exagerados. Por outro lado, as chuvas arrastam muito da terra mais fina até bem longe dos dejetos, mesmo nos lugares onde a inclinação é sutil; essa terra não é computada em momento algum pelos cálculos anteriores. Os dejetos expelidos nas épocas de seca e que endureceram também perdem uma porção grande da terra fina, pela mesma razão. Além disso, esses dejetos tendem a se decompor em pequenas pelotas, que muitas vezes rolam ou são sopradas por qualquer superfície inclinada. Então o resultado anterior, de que 39,3 cm³ de terra (peso aproximado de 52,5 g quando úmida) atravessam, todo ano, uma linha de 91,4 cm do tipo já especificado, talvez não seja, afinal, um exagero.

A quantidade é pequena; mas não devemos nos esquecer do tanto de vales que se espraiam e bifurcam, cruzando a maior parte dos países, e que a extensão total deles deve ser vasta. E que a terra está sempre se movendo morro abaixo, por ambos os lados cobertos de relva em cada um dos vales. Para cada 91,4 m, mais ou menos, de extensão de um vale que tenha as laterais em declive como nos casos anteriores, serão 7.865 cm^3 de terra úmida, ou mais de 10 kg de peso, que descem até o fundo dele por ano. Ali, haverá uma camada grossa de aluvião acumulada, pronta para ser arrastada pelos séculos afora, à medida que o riacho do meio do vale serpenteia de um lado a outro.

Se pudéssemos comprovar que as minhocas tendem a cavar suas galerias em ângulos retos nas superfícies inclinadas — afinal, esse seria o menor caminho para elas trazerem a terra à superfície —, veríamos também que, à medida que as galerias velhas fossem colapsando devido ao peso do solo sustentado, todo o leito de terra vegetal inevitavelmente afundaria ou deslizaria em consonância, descendo a passos lentos pela superfície inclinada. No entanto, a tarefa de averiguar a direção em que as muitas galerias haviam sido abertas foi considerada difícil e penosa demais. Um pedaço reto de arame foi inserido em 25 galerias em vários campos em declive, e em oito casos pudemos ver que as galerias formavam um ângulo quase reto em relação à inclinação; nos casos remanescentes, porém, o ângulo parecia variar ao acaso, tanto para cima como para baixo em relação à encosta.

Nos países onde a chuva é muito intensa, como nos trópicos, os dejetos parecem escorrer muito mais — como era de esperar — do que na Inglaterra. O sr. Scott me informa que próximo a Calcutá, sob chuvas fortes, os dejetos que formam grandes colunas (como descrito anteriormente), de diâmetros que vão de 2,5 cm a 3,8 cm, escorrem nas superfícies planas até formar discos achatados e finos praticamente circulares, que medem entre 7,6 cm e 10,2 cm de diâmetro, chegando até mesmo algumas vezes a 12,7 cm. Três dejetos ainda frescos, que haviam sido expelidos no Jardim Botânico "num barranco artificial de argila barrenta, um pouco inclinado e coberto de grama", foram medidos com atenção: tinham altura média de 5,5 cm e diâmetro médio de 3,6 cm; esses mesmos dejetos, após uma chuva forte, se transformaram em trechos alongados de terra, com um comprimento médio na direção da encosta de 14,8 cm. Considerando que muito pouco dessa terra se espraiou morro acima, grande parte dela, cerca de 10,2 cm, a julgar pelo diâmetro inicial dos dejetos, deve necessariamente ter escorrido para baixo. Além disso, algumas das partículas mais finas de terra da qual eram compostos deve ter escorrido por uma distância ainda maior. Em áreas mais secas na região de Calcutá, uma espécie de minhoca expele dejetos que não são vermiformes, mas sim redondos, em pelotas de tamanhos variáveis: chegam a formar um grande número em alguns lugares, e o sr. Scott afirma que elas "escorrem para longe a qualquer chuva que caia".

Fui levado a crer que a chuva enxágua e faz escorrer grande quantidade de terra fina dos dejetos, pois a superfície dos dejetos mais antigos é muitas vezes cravejada de partículas ásperas. Em função disso, pegamos um pouco de giz em pó precipitado e o umedecemos com saliva ou água-goma, de modo a torná-lo viscoso e da mesma consistência de um dejeto fresco; então o aplicamos em cima de vários dejetos e os misturamos com suavidade. Esses dejetos foram regados com uma mangueira extremamente fina, cujas gotas saíam mais unidas do que as da chuva, mas sem que fossem grandes como as de uma tempestade; tampouco caíam no solo com a mesma força com que caem as gotas de uma chuva forte. Um dos dejetos que recebeu esse tratamento cedeu de maneira tão lenta que nos surpreendeu; suponho que tenha sido por causa de sua viscosidade. Não chegou a fluir completamente pela superfície do gramado, cuja inclinação era, no local, de 16°20'; no entanto, muitas das partículas de giz puderam ser encontradas 7,6 cm abaixo do dejeto. O experimento foi replicado com três outros dejetos em partes diferentes do terreno, que tinha declives de 2°30', 3 e 6 graus; e pudemos encontrar partículas de giz a 10,2 cm e 12,7 cm abaixo desses dejetos. Com a superfície seca, encontramos algumas partículas de dois dos dejetos a distâncias de 12,7 cm e 15,2 cm. Vários outros dejetos nos quais aplicamos o mesmo giz precipitado foram deixados sob a ação das chuvas naturais. Num caso, após uma chuva que não chegou a ser forte, o dejeto ficou rajado de branco com listras longitudinais. Em outros dois casos, a superfície da terra ficou um pouco branca a uma distância de 2,5 cm do dejeto; e um punhado de solo coletado a uma distância de 6,35 cm, num declive de 7 graus, eferveceu ligeiramente quando colocado num ácido. Passadas uma ou duas semanas, todo ou quase todo o giz já havia sido lavado dos dejetos nos quais fora colocado, os quais recuperaram, então, a cor natural.

Vale notar que, após chuvas muito intensas, é possível ver algumas poças rasas em terrenos planos ou quase planos, onde o solo não é muito poroso. A água dentro delas costuma ser um pouco lamacenta; quando essas poças secam, as folhas e a grama no fundo costumam ficar cobertas de uma camada fina de lama. Acredito que essa lama venha, em boa medida, dos dejetos frescos.

O dr. King me conta que a maioria dos dejetos gigantescos descritos acima, que ele encontrou num montículo de cascalhos totalmente descoberto e exposto, nos montes Nilguiri, na Índia, tinha sofrido um tanto com as intempéries da recente monção noroeste, e parecia ter cedido ou escorrido. As minhocas de lá só expelem seus dejetos durante a estação chuvosa; e quando o dr. King foi ao local, estavam sem chuvas havia 110 dias. Cuidadosamente, ele examinou o terreno entre esses dejetos gigantes e um pequeno riacho que corria na base do montículo, e não encontrou em parte nenhuma a terra fina acumulada que teria sem dúvida caído desses dejetos ao se decomporem, se eles não tivessem sido completamente enxaguados. Portanto, não hesitou em afirmar que a totalidade desses dejetos é levada todo ano pela água das duas monções (quando há cerca de 2.540 mm de precipitação) para dentro do pequeno riacho e, de lá, até os campos mais baixos, a uma distância entre 910 m e 1,2 km.

Os dejetos expelidos antes ou durante as secas endurecem, e podem ficar incrivelmente duros, devido às secreções intestinais, que servem para cimentar as partículas de terra. As geadas parecem agir menos sobre sua decomposição do que poderíamos imaginar. No entanto, eles logo se quebram em pequenas pelotas após serem umedecidos repetidas vezes pelas chuvas e, em seguida, secos. Aqueles que escorrem morro abaixo durante uma chuva também se decompõem de igual maneira. Essas pelotas muitas vezes rolam sozinhas pelas encostas, ou com o auxílio notável do vento. Todo o fundo de um fosso seco na minha propriedade, onde havia pouquíssimos dejetos frescos, terminou completamente coberto por essas pelotas, ou dejetos decompostos, que haviam rolado pelas laterais íngremes ao redor, inclinadas a um ângulo de 27 graus.

Perto de Nice, em lugares onde os grandes dejetos cilíndricos (descritos acima) são abundantes, o solo é formado por uma greda arenosa-calcária muito rala, e o dr. King me informa que esses dejetos são muito suscetíveis ao esfacelamento quando o tempo está seco, decompondo-se em fragmentos que são logo atingidos por chuvas e que, então, afundam até se tornarem perfeitamente amalgamados à terra em volta. Ele me enviou um montante desses dejetos decompostos, coletados no alto de um barranco, onde é certo que outros dejetos não teriam rolado desde um ponto mais alto. Eles provavelmente foram expelidos havia cinco ou seis anos e, no momento em que os recebi, eram fragmentos mais ou menos arredondados de todos os tamanhos, desde 1,9 cm de diâmetro até minúsculos grãos e simples pó. O dr. King testemunhou o processo de esfacelamento enquanto secava alguns dejetos íntegros, que me enviaria mais tarde. O sr. Scott também notou o mesmo acontecer na região de Calcutá e nas montanhas de Siquim durante a estação quente e seca.

Quando os dejetos da região de Nice foram expelidos numa superfície inclinada, os fragmentos decompostos rolaram por ela, sem que isso afetasse sua forma característica; em alguns lugares era possível "encher cestos" com eles. O dr. King esteve diante de um exemplo marcante disso numa sinuosa estrada de encosta, onde um canal de 76,2 cm de largura e 22,9 cm de profundidade foi aberto para captar a drenagem do morro. Por toda a extensão de suas centenas de metros, o fundo desse canal ficou coberto por uma camada de 3,8 cm a 7,6 cm de espessura de dejetos fragmentados que ainda mantinham sua forma característica. Quase a totalidade desses incontáveis fragmentos havia caído rolando pela encosta, e eram raríssimos os dejetos expelidos diretamente no canal. A encosta era íngreme, mas de inclinação muito variada. O dr. King calculou que teria entre 30 e 60 graus em relação ao horizonte. Ele escalou o morro e encontrou

> por toda parte pequenos taludes formados pelos fragmentos dos dejetos que foram impedidos de continuar rolando morro abaixo pelas irregularidades da superfície, ou por pedras, gravetos etc. Um pequeno grupo de plantas *Anemone hortensis* agiu dessa maneira, e havia de fato um pequeno amontoado de terra em torno delas. Muito desse solo tinha se desintegrado, mas uma boa parte dele ainda mantinha a forma dos dejetos.

O dr. King desenraizou essa planta e se surpreendeu com a espessura do solo, que devia ter se acumulado em tempos recentes sobre a coroa do rizoma — como foi possível verificar pelo comprimento dos pecíolos branqueados —, em comparação com os de outras plantas do mesmo tipo, onde não houve esse acúmulo. Sem dúvida, essa terra acumulada ficou presa pelas raízes menores da planta (como observei em todo tipo de lugar). Após descrever este e outros casos análogos, o dr. King concluiu: "Não posso duvidar que as minhocas auxiliam em muito no processo de desnudação".

SALIÊNCIAS DE TERRA EM ENCOSTAS ÍNGREMES

É possível encontrar pequenas saliências horizontais, como prateleiras sobrepostas, em muitas das encostas íngremes e cobertas de grama em diversas partes do mundo. Sua formação tem sido atribuída aos animais que caminham repetidas vezes pelas mesmas linhas horizontais enquanto pastam. De fato, é verdade que eles se movem assim e que usam essas saliências; mas o professor Henslow (um observador extremamente cuidadoso) contou a Sir J. Hooker que tinha a convicção de que essa não era a única causa por trás dessa formação. Sir J. Hooker viu saliências desse tipo nas cordilheiras do Himalaia e do Atlas, onde não havia animais domesticados e apenas alguns poucos animais selvagens — embora seja provável que esses últimos usassem as saliências à noite, quando pastam, como nossos animais domesticados. Um amigo observou saliências nos Alpes da Suíça e afirmou que mediam aproximadamente entre 90 cm e 120 cm, estavam umas sobre as outras e tinham mais ou menos 30 cm de largura. Tinham sido bem esburacadas pelas patas das vacas que nelas pastavam. Esse mesmo amigo observou saliências semelhantes em nossos morros de giz, e num antigo talude feito de fragmentos de pedra de giz (descartados de uma pedreira) que acabou ficando coberto de relvado.

Meu filho Francis examinou uma escarpa de giz perto de Lewes; e ali, numa porção muito íngreme, inclinada a 40 graus em relação à linha do horizonte, havia cerca de trinta saliências planas que se estendiam na horizontal por mais de 90 m, a uma distância média de 50,8 cm entre elas, umas sobre as outras. Cada uma media entre 22,9 cm e 25,4 cm de largura. Quando vistas à distância, formavam uma imagem impressionante devido ao seu paralelismo; mas, se examinadas mais de perto, mostravam-se um tanto sinuosas e, além disso, uma emendava na outra, o que dava a aparência de uma só saliência bifurcada em duas. São formadas por uma terra clara que, do lado de fora, onde é mais grossa, media num caso 22,9 cm e, em outro, entre 15,2 cm e 17,8 cm de espessura. Em cima dessas saliências, a espessura da camada de terra sobre o giz media, no primeiro caso, 10,2 cm e, no segundo, apenas 7,6 cm de espessura. A grama crescia com mais vigor nas saliências externas do que em qualquer outra parte do morro, e chegava a formar ali uma franja. Na parte do meio, não crescia grama, mas se isso era devido à seção ser pisoteada pelas ovelhas, que às vezes frequentam as saliências, meu filho não pôde confirmar. Tampouco pôde afirmar com certeza o quanto daquela terra das partes sem grama, no meio, consistia em dejetos decompostos que tivessem rolado até ali desde um ponto mais alto. Mas ele sentia a convicção de que pelo menos uma parte dela provinha disso; e era evidente que as saliências com franjas de grama impediriam a passagem de qualquer pequeno objeto que nelas chegasse rolando.

Numa das extremidades do barranco que possuía essas saliências, a superfície tinha algumas partes de giz exposto, onde elas ficavam irregulares. Na outra extremidade, o declive diminuía bruscamente de inclinação, e também ali as saliências eram interrompidas de repente; mas os pequenos taludes de apenas 30,5 cm ou 61 cm de comprimento continuavam presentes. O declive ficava tão mais inclinado quanto mais próximo do pé do morro, onde também ressurgiam as saliências. Outro filho meu observou, no lado oposto da costa de Beachy Head, onde havia um declive de cerca de 25 graus na superfície, vários pequenos taludes como os que acabamos de mencionar. Eles corriam na horizontal e mediam desde alguns poucos centímetros até mais de 60 cm ou 90 cm de comprimento. Neles brotavam tufos de grama vigorosos. A espessura média da terra vegetal da qual eram formados, medida em nove taludes diferentes, era de 11,4 cm; ao mesmo tempo, a espessura média da terra vegetal sobre e debaixo deles era de apenas 8,1 cm, e, de cada lado, no mesmo nível, de 7,9 cm. Nas partes superiores da encosta, esses taludes não exibiam qualquer sinal de terem sido pisados por ovelhas, mas nas partes inferiores havia indícios bastante claros disso. Nessa região, nenhuma saliência comprida ou contínua havia sido formada.

Se por acaso os pequenos taludes sobre a estrada de encosta que o dr. King viu enquanto estavam sendo formados pelo acúmulo de dejetos decompostos e arredondados confluíssem em linhas horizontais, eles acabariam formando saliências na terra. Cada talude tenderia a crescer para as laterais, pela extensão que os dejetos acumulados oferecem. E é bem provável que os animais que estivessem pastando numa encosta inclinada passassem a usar qualquer saliência plana, o que abriria um recuo no relvado. Esses recuos intermediários, por sua vez, serviriam de bloqueio para dejetos. A partir do momento em que uma saliência irregular é formada, ela também tende a ficar mais uniforme e horizontal graças a alguns dos dejetos que rolam para as laterais, caindo desde pontos mais altos; assim, a saliência cresceria.

Qualquer saliência que estivesse sob uma beirada pararia de receber influxos de matéria decomposta que caísse do alto, e a tendência seria que ela fosse destruída pelas chuvas e outros agentes climáticos. Essa formação que estamos supondo para as saliências é mais ou menos análoga à das ondas formadas pelo vento nas dunas de areia, como descreveu Lyell.[1]

Em Westmoreland, um vale montanhoso íngreme chamado Grisedale, cujas laterais são cobertas de grama, apresentava em muitas partes inúmeras pequenas saliências quase horizontais, ou melhor, eram como penhascos em miniatura. A formação dessas saliências não pôde ser atribuída em nenhum aspecto à ação das minhocas, pois não foram encontrados dejetos em parte nenhuma (essa ausência é um fato inexplicável), embora em muitos locais o gramado cobrisse uma camada bem grossa de argila do período glacial e resíduos de morena. Até onde pude avaliar, a formação desses pequenos penhascos tampouco tinha relação estreita com as caminhadas das vacas ou das ovelhas. Era como se toda aquela terra um tanto argilosa da superfície, mantida no lugar em alguma medida graças às raízes da grama, tivesse deslizado pelas encostas da montanha; e, ao fazê-lo, tivesse cedido e rachado em linhas horizontais, perpendiculares ao declive.

DEJETOS SOPRADOS NA DIREÇÃO DO VENTO

Vimos como os dejetos úmidos escorrem e os decompostos rolam por qualquer superfície inclinada; agora veremos como há dejetos que, sendo expelidos em gramados planos, são soprados em vendavais e levados pelas chuvas na direção do vento. Trata-se de algo que já observei diversas vezes em vários campos no decorrer dos anos. Depois desses vendavais, os dejetos passam a ter uma superfície lisa ou estriada, mas ligeiramente inclinada na direção contrária ao vento, ou, em vez disso, são tão inclinados quanto precipícios na direção do vento, parecendo miniaturas dos montes de rocha das zonas glaciais. Costumam ser cavernosos a sota-vento, porque a parte superior se curva sobre a inferior. Durante uma ventania sudoeste excepcionalmente forte, muitos dejetos foram completamente levantados e soprados a sota-vento, de modo que a entrada das galerias ficou completamente descoberta e exposta a barlavento. Os dejetos mais frescos escorrem normalmente pelas superfícies inclinadas, mas num gramado de inclinação entre 10 e 15 graus, vários deles foram soprados morro acima após uma forte ventania. O mesmo se deu em outra ocasião, numa parte do meu terreno que é um pouco menos inclinada. Numa terceira ocasião, os dejetos numa face íngreme e coberta de grama na lateral de um vale, pelo qual passou um vendaval, foram soprados na diagonal em vez de em linha reta morro abaixo; e isso foi obviamente provocado pela ação conjunta do vento e da gravidade. Quatro dejetos no meu quintal, onde o declive é de 0°45', 1 grau, 3 graus e 3°30' (média de 1°49') em direção ao nordeste, foram espalhados pelas entradas de uma galeria por uma ventania sudoeste acompanhada de chuva, e foram pesados da maneira descrita acima. A relação entre o peso médio da terra dentro da entrada das galerias, a sota-vento, e o peso da terra encontrada sobre as entradas, a barlavento, era de 2,75 para 1. Já vimos como, no caso de vários dejetos que escorreram ou rolaram morro abaixo em declives com inclinação média de 9°26', e também com os três dejetos na inclinação superior a 12 graus, o peso proporcional da terra dentro das galerias em relação ao da terra acima delas era de apenas 2 para 1. Esses exemplos variados mostram a eficiência das ventanias acompanhadas de chuva no deslocamento de dejetos frescos. Podemos, assim, concluir que até mesmo um vento moderado é capaz de produzir algum efeito mínimo sobre eles.

Dejetos secos e endurecidos, depois de decompostos em pequenos fragmentos, ou pelotas, são algumas vezes — ou talvez muitas vezes — soprados por ventos fortes a sota-vento. Foi o que se observou em quatro ocasiões, mas não prestei atenção o bastante a essa questão. Um dejeto antigo sobre um barranco de inclinação suave foi soprado até longe por um vento sudoeste forte. O dr. King acredita que, na região de Nice, o vento remove a maior parte dos velhos dejetos em desmantelação. Vários dejetos antigos no meu quintal foram marcados com alfinetes e protegidos. Após um intervalo de dez semanas, foram examinados; nesse meio-tempo, tivemos dias alternados de sol e chuva. Alguns dos dejetos, que eram de um tom amarelado, tinham sido lavados por completo pela chuva, e era possível notar a mudança de cor na terra ao redor. Outros tinham desaparecido totalmente, ou seja, é certo que foram soprados pelo vento. Por fim, havia ainda alguns outros que permaneceram e que continuariam ali por muito tempo, já que havia folhas de grama crescendo através deles. Sobre pastos pobres, que nunca foram aplainados com rolo compressor nem pisoteados por animais, a superfície toda é pontilhada como se fossem espinhas na pele, entre as quais e por meio das quais a grama cresce; e essas espinhas não são nada mais do que velhos dejetos de minhoca.

Em todos os muitos casos observados de dejetos frescos que foram soprados a sota-vento foi necessário haver um vento forte acompanhado de chuva. Considerando que, na Inglaterra, ventos como esse costumam soprar do sul ou do sudoeste, a terra deve, de modo geral, viajar por nossos campos nas direções norte e nordeste. Esse fato é interessante, porque se poderia imaginar que, nos gramados planos, terra nenhuma seria levada por qualquer meio. Em bosques fechados e planos, protegidos do vento, os dejetos permanecem ali enquanto houver o bosque; e a terra vegetal tende a se acumular até uma profundidade em que as minhocas possam continuar trabalhando. Tentei produzir provas do tanto de terra vegetal que pode ser soprada, ainda no estado de dejeto, por nossas ventanias chuvosas do sul para o nordeste, em territórios abertos e planos, ao observar o nível da superfície em lados contrários de velhas árvores e cercas vivas; mas fracassei devido ao crescimento desigual das raízes e ao fato de que a maior parte das terras para pasto foi arada em algum momento passado.

Numa planície perto de Stonehenge existem valas rasas e circulares com taludes baixos do lado de fora, ao redor de áreas planas de 45,7 m de diâmetro. Esses anéis parecem ser muito antigos, e acredita-se que sejam contemporâneos das pedras druídicas. Os dejetos expelidos no interior desses espaços circulares, se soprados ao nordeste por ventos sudoeste, formariam uma camada de terra vegetal dentro das valas, que seria mais grossa no lado nordeste do que nos outros. Mas o local não era favorável à ação das minhocas, pois a terra vegetal ao redor, sobreposta às formações de giz e sílex, tinha apenas uma média de 8,6 cm de espessura, calculada a partir de seis observações feitas a uma distância de 9,1 m para além do talude. A espessura da terra vegetal dentro de duas das valas circulares foi medida a cada 4,5 m em todas as direções, nas bordas internas próximas ao fundo. Meu filho Horace projetou essas medidas num gráfico e, embora a curva que representava a espessura da terra vegetal ficasse extremamente irregular, era possível ver nos dois gráficos como o lado nordeste tinha a terra mais espessa do que qualquer outro. Quando uma média de todas as medidas em ambas as valas foi traçada e a curva foi homogeneizada, ficou patente que a terra vegetal é mais espessa no quadrante do círculo entre o noroeste e o nordeste; e é mais fina no quadrante sudeste-sudoeste. Além dessas medidas mencionadas, seis outras foram tomadas perto de uma das valas circulares, no lado nordeste; e ali a terra vegetal tinha uma espessura média de 5,8 cm; enquanto isso, a média de seis outras medidas tomadas no lado sudoeste era de apenas 3,7 cm. Essas constatações indicam que os dejetos foram soprados pelos ventos sudoeste desde o espaço circular circundado até a vala no lado nordeste; mas seriam necessárias muitas outras medidas em casos análogos para atingirmos um resultado confiável.

A quantidade de terra fina levada à superfície na forma de dejetos e que é depois transportada pelos ventos e pelas chuvas, ou que escorre ou rola pelas superfícies inclinadas, é, sem dúvida, pequena no decorrer de alguns poucos anos; caso contrário, todas as irregularidades de nossos pastos seriam aplainadas dentro de um período muito menor do que de fato parece acontecer. Mas a quantidade que é transportada por esses meios no decorrer de milhares de anos é com certeza notável e merece atenção. Élie de Beaumont olha para a terra vegetal que cobre a terra por toda parte e a considera uma linha fixa, ou o zero a partir do qual o grau de desnudação pode ser medido.[2] Ele ignora que a terra vegetal esteja em contínua formação pelas pedras e fragmentos de pedra do subsolo que estão sendo decompostos; e é curioso observar como eram mais filosóficas as opiniões mantidas havia muito tempo por Playfair, que, em 1802, escreveu: "encontramos na permanência da cobertura de terra vegetal sobre a superfície do solo provas convincentes da destruição incessante das rochas".[3]

ANTIGOS SÍTIOS E TÚMULOS

Élie de Beaumont alega que o estado presente dos vários acampamentos e túmulos antigos e de velhos campos arados são prova de que a superfície da terra sofre pouquíssima degradação.

Mas, ao que tudo indica, ele jamais examinou a espessura da terra vegetal que há sobre partes diferentes dessas velhas ruínas. Em vez disso, apoia-se sobretudo em indícios indiretos, aparentemente confiáveis, de que os declives dos velhos sítios são iguais a como sempre foram; é óbvio que ele não tem como saber coisa nenhuma a respeito de sua altura original. Em Knole Park, um amontoado de terra se ergueu atrás dos alvos de fuzil, aparentemente formado por uma terra que a princípio era sustentada por blocos quadrados de grama. As laterais eram inclinadas para baixo, a um ângulo que, pelas minhas estimativas, deveria ter 45 ou 50 graus em relação ao horizonte. Eram cobertas, principalmente na face norte, por uma grama comprida e não cultivada sob a qual encontramos muitos dejetos de minhoca. Haviam caído ali ainda íntegros, enquanto outros tinham rolado como pelotas. Portanto, é certo que enquanto o amontoado de terra for habitado por minhocas, sua altura será diminuída constantemente. A terra fina que escorre ou rola pelas laterais desse montículo se acumula ao pé dele, formando um talude. Sabe-se que um leito de terra fina, ainda que mínimo, é sempre favorável às minhocas; assim, um número maior de dejetos tende a ser expelido num talude formado dessa maneira. Esses, por sua vez, acabam sendo parcialmente levados a cada chuva forte que cai, espalhando-se pelo solo plano ao redor. Como resultado, o amontoado de terra vai diminuindo como um todo, mas em menor grau nas laterais. O mesmo resultado seria com certeza encontrado nos antigos sítios e túmulos, exceto onde estivessem sob montes de cascalho ou areia praticamente pura, já que esses materiais são desfavoráveis às minhocas. Muitas fortificações e túmulos antigos devem ter pelo menos 2 mil anos de idade; devemos sempre lembrar que, em muitos lugares, cerca de 2,5 cm de terra vegetal são levados à superfície a cada cinco anos, ou 5 cm em dez anos. Portanto, passado um período de tempo tão longo como dois milênios, grande quantidade de terra terá sido levada à superfície repetidas vezes na maior parte dos sítios e túmulos, sobretudo nos taludes ao pé desses montantes, e muito da terra terá escorrido com as chuvas. Portanto, podemos então concluir que todos os montículos antigos, exceto os que são compostos por materiais desfavoráveis a minhocas, terão sido em alguma medida rebaixados no decorrer de séculos, embora suas inclinações tenham talvez mudado pouco.

CAMPOS ARADOS NO PASSADO

Desde tempos muito remotos a terra vem sendo arada em diversos países, de modo que surgiram leitos convexos — chamados de cumes ou cristas — de normalmente 2,5 m de largura, intercalados por sulcos. Esses sulcos são direcionados de modo a escoar a água da superfície. Encontrei muitos obstáculos em minhas tentativas de averiguar por quanto tempo esses cumes e sulcos podem permanecer depois que um campo arado é convertido em pasto. Raras vezes é possível saber ao certo quanto tempo faz que um campo foi arado; e alguns campos que se acreditava serem pastos desde tempos imemoriais revelaram-se, depois, como tendo sido arados há apenas cinquenta ou sessenta anos. No início deste século, quando o preço dos grãos estava muito alto, conta-se que todo tipo de terra foi arada e cultivada na Grã-Bretanha. No entanto, não existem motivos para duvidar que, em muitos casos, os velhos cumes e sulcos preservados remetam a tempos muito antigos.[4] Que eles tenham sido preservados por períodos muito desiguais é o que podemos deduzir pelo fato de os cumes, logo ao surgirem, terem diferenças marcadas de altura em cada distrito, como se vê agora no caso de terras recém-aradas.

Em pastos antigos onde se mediu a terra vegetal, viu-se que ela tinha entre 1,3 cm e 5 cm a mais de espessura nos sulcos do que nos cumes; mas isso é o que teria acontecido naturalmente como consequência de a terra mais fina ter escorrido dos cumes para os sulcos antes que os campos fossem cobertos de grama; e é impossível avaliar qual foi o papel das minhocas nesse trabalho. No entanto, pelo que pudemos ver, é fato que os dejetos tendem a fluir e escorrer dos cumes aos sulcos durante as chuvas fortes. Mas, assim que um leito de terra fina se junta — por qualquer que seja o meio — num sulco, ele passa a ser mais favorável às minhocas do que as outras terras; como os sulcos em terrenos inclinados costumam ser desenhados de modo a fazer escoar a água da superfície, alguma parte da terra mais fina acaba necessariamente sendo enxaguada dos dejetos ali expelidos, até ser completamente escoada. O resultado é que os sulcos vão se enchendo a passos muito lentos, enquanto os cumes vão sendo minados, a um ritmo talvez ainda menor, pelos dejetos que escorrem ou rolam pelos suaves declives que levam aos sulcos.

Ainda assim poderíamos imaginar que os velhos sulcos, sobretudo aqueles em terrenos inclinados, acabariam sendo preenchidos até sumirem. Alguns observadores cuidadosos, porém, que examinaram campos em Gloucestershire e Staffordshire, atendendo a pedidos meus, não foram capazes de detectar qualquer diferença no estado dos sulcos entre as partes superior e inferior dos campos inclinados, que diziam ser pastos já há muito tempo; e chegaram então à conclusão de que os cumes e sulcos durariam por uma quantidade praticamente infinita de séculos. Por outro lado, o processo de obliteração parecia ter sido iniciado em alguns pontos. Assim, num gramado no norte do País de Gales, que sabiam ter sido arado havia cerca de 65 anos e que era inclinado a nordeste num ângulo de 15 graus, foram medidos os sulcos (separados por apenas 2,1 m uns dos outros) com cuidado, e viu-se que, na parte superior do declive, eles tinham apenas 11,4 cm de profundidade, enquanto perto da base tinham apenas 2,5 cm e só podiam ser discernidos com dificuldade. Em outro campo inclinado mais ou menos no mesmo ângulo, mas na direção sudoeste, os sulcos eram quase imperceptíveis na parte mais baixa; embora a continuação deles para o terreno vizinho e plano tivesse entre 6,35 cm e 8,9 cm de profundidade. Um terceiro caso bastante semelhante foi observado. No quarto caso, a terra vegetal nos sulcos da parte superior de um terreno inclinado media 6,35 cm e, na parte inferior, 11,4 cm de espessura.

Nos morros de giz a cerca de 1,5 km de Stonehenge, meu filho William examinou uma superfície coberta de grama e sulcada, inclinada entre 8 e 10 graus; um velho pastor de ovelhas disse que nenhuma pessoa viva se lembrava de ela ter sido arada. A profundidade de um dos sulcos foi medida em dezesseis pontos diferentes, numa extensão de 68 passos, e viu-se que, quanto mais elevado o terreno, mais fundo o sulco, já que menos terra ficaria acumulada ali; na base, o sulco quase sumia. A espessura da terra vegetal na parte superior desse sulco era de 6,35 cm, mas atingia 12,7 cm logo acima da parte mais elevada do terreno; na base e no meio do pequeno vale, no ponto onde o sulco teria ido parar se continuasse, a terra vegetal chegava a 17,8 cm. No lado oposto do vale havia traços muito débeis, quase apagados, de sulcos. Outro caso análogo, mas menos nítido, foi observado a alguns quilômetros de Stonehenge. De modo geral, vê-se que os cumes e os sulcos em terrenos que eram arados mas hoje estão cobertos de grama tendem a desaparecer quando a superfície é inclinada; e isso provavelmente se deve, em grande medida, à ação das minhocas; mas os cumes e sulcos perduram por muito tempo quando a superfície é praticamente plana.

FORMAÇÃO E VOLUME DE TERRA VEGETAL SOBRE AS FORMAÇÕES DE GIZ

Os dejetos de minhoca são muitas vezes expelidos em quantidade extraordinária sobre os morros cobertos de grama onde há giz próximo à superfície, como observou meu filho William em Winchester e outros locais. Se a maior parte desses dejetos escorre com as chuvas fortes, é difícil entender, de imediato, como ainda existe terra vegetal nos morros de giz, já que não parece haver nenhum meio óbvio de suplantar as perdas. Além disso, há ainda mais uma causa para a perda de terra: a infiltração de suas partículas mais finas nas fissuras e no interior do próprio giz. Essas considerações já me fizeram questionar, por algum tempo, se eu não teria exagerado a quantidade de terra fina, ainda na forma de dejetos, que escorre ou rola pelos gramados em declive; busquei informações adicionais. Em alguns lugares, os dejetos dos morros de giz eram formados sobretudo por matéria calcária — cujo suprimento, ali, é evidentemente ilimitado. Mas em outros lugares, como numa região de Teg Down, perto de Winchester, os dejetos eram todos pretos e não efervesceram em contato com ácidos. A terra vegetal sobre o giz media ali apenas entre 7,6 cm ou 10,2 cm de espessura. Também nos prados perto de Stonehenge, a terra vegetal, que parecia livre de matéria calcária, tinha em média menos de 9 cm de espessura. Por que razão as minhocas penetram no giz e o trazem à superfície em certos lugares, mas não em outros, não sei dizer.

Em muitos distritos onde o terreno é quase plano, a camada superior de giz é coberta por outra, de vários centímetros de espessura, de argila vermelha cheia de pedras intocadas de sílex. Essa matéria sobreposta, cuja superfície foi convertida em terra vegetal, é formada pelos resíduos de giz não dissolvidos. Vale lembrar, aqui, do caso dos fragmentos de giz enterrados sob os dejetos de minhoca num dos meus campos, cujos ângulos ficaram tão redondos no decorrer de 29 anos que os fragmentos pareciam então seixos erodidos pela água. Foi provavelmente o efeito do ácido carbônico presente nas chuvas e no solo, por causa dos ácidos húmicos, e do poder corrosivo das raízes de plantas vivas. O motivo pelo qual não sobrou uma grande massa de resíduos no giz, em toda parte onde a terra é plana ou quase, talvez seja a infiltração das partículas mais finas nas fissuras (que costumam estar presentes no giz e que estão abertas ou preenchidas por um giz impuro) ou no próprio giz sólido. Não restam dúvidas de que essa infiltração ocorra. Perto de Winchester, meu filho coletou um pouco de giz pulverizado e fragmentado sob a grama; ali, o coronel Parsons, engenheiro real, havia antes analisado o mesmo giz, que continha 10% de matéria terrosa, ao passo que os fragmentos continham 8%. Nos flancos das escarpas perto de Abinger, em Surrey, um pouco de giz logo abaixo de uma camada de sílex, com 5 cm de espessura e coberto por 20,3 cm de terra vegetal, gerou um resíduo de 3,7% de matéria terrosa. Por outro lado, a camada superior de giz contém exatamente entre 1% e 2% de matéria terrosa, conforme me disse o falecido David Forbes, que havia realizado uma série de análises; e duas análises feitas em poços perto da minha casa continham entre 1,3% e 0,6%. Menciono esses últimos casos porque, a julgar pela espessura da camada de argila vermelha e sílex sobreposta, imaginei que o giz logo abaixo dela seria mais impuro do que em outros lugares. A causa para o acúmulo de resíduo em alguns lugares mais do que em outros pode ser atribuída ao fato de a camada de matéria argilosa ter sido disposta num momento anterior sobre o giz, o que barraria qualquer infiltração posterior de matéria terrosa.

A partir desses fatos, podemos concluir que os dejetos expelidos nos morros de giz sofrem alguma perda pela infiltração da matéria mais fina dentro do giz. Mas esse giz impuro da superfície, uma vez dissolvido, deixaria uma provisão grande de matéria terrosa para ser acrescida à terra vegetal, diferente do giz puro. Além das perdas provocadas pela infiltração, alguma quantidade de terra fina é sem dúvida escoada pelos declives cobertos de grama dos morros. O processo de escoamento, no entanto, acaba sendo barrado com o passar do tempo; pois embora eu não saiba qual a espessura mínima que uma camada de terra vegetal precise ter para continuar sustentando minhocas, deve haver um limite. Uma vez atingido, os dejetos das minhocas cessariam ou se tornariam raros.

Os casos a seguir mostram que uma quantidade grande de terra fina é escoada. A espessura da terra vegetal foi medida em pontos espalhados por um pequeno vale nos morros de giz perto de Winchester, cada um distante 11 m do outro. As laterais tinham declives sutis de início; depois, a inclinação chegava a cerca de 20 graus; então, suavizava mais perto da base, que era quase plana de través e media cerca de 45 m de um lado a outro. Na base, a espessura média da terra vegetal, tomada a partir de cinco medições, era de 21 cm; enquanto nas laterais do vale, onde a inclinação variava entre 14 e 20 graus, a espessura média era um pouco menor do que 9 cm. Como a base do vale, coberta de grama, tinha uma inclinação de apenas 2 a 3 graus, é provável que a maior parte da camada de 21 cm de terra vegetal tivesse sido escoada pelos flancos do vale, e não desde o topo. Mas como um pastor disse ter visto água correndo por esse vale após um degelo de neve muito rápido, é possível que alguma terra tenha sido arrastada desde um ponto mais alto. Ou que, por outro lado, algum montante dela tenha sido levado até mais longe, vale abaixo. Resultados bastante parecidos, em relação à espessura da terra vegetal, foram obtidos num vale vizinho.

O morro St. Catherine, próximo a Winchester, tem 100 m de altura e consiste num cone íngreme de giz de cerca de 400 m de diâmetro. Sua parte superior foi convertida pelos romanos, ou, segundo outros, pelos antigos bretões, num acampamento, ao escavarem uma vala profunda e ampla por toda a sua área. A maior parte do giz retirada durante esse trabalho foi lançada acima, e por isso um barranco sobressalente foi formado; assim, os dejetos de minhocas (que são numerosos em algumas partes), as pedras e outros objetos são impedidos de rolar na vala ou escorrer até ela. A terra vegetal na parte superior e fortificada do morro tinha apenas entre 6,35 cm e 8,9 cm de espessura; em contraste, no pé do acampamento, sobre a vala, ela tinha se acumulado até chegar, na maioria dos lugares, a uma espessura entre 20,3 cm e 24,1 cm. No acampamento em si, a espessura na maior parte dos lugares ficava entre 2,5 cm e 3,8 cm apenas. Dentro do vale, no fundo, variava entre 6,35 cm e 8,9 cm, mas chegava a 15,2 cm de espessura num local. Na face noroeste do morro, ou não haviam feito um aterro sobre a vala, ou ele foi removido em algum momento; de modo que não havia nada ali impedindo os dejetos, as pedras e a terra de escorrerem para dentro da vala, no fundo da qual a terra vegetal formava uma camada de 27,9 cm a 55,9 cm de espessura. No entanto, vale dizer que ali e por outras partes da encosta, a camada de terra vegetal muitas vezes continha fragmentos de giz e sílex que tinham evidentemente rolado até lá em momentos diferentes, desde um local mais alto. Os interstícios entre os fragmentos de giz mais abaixo também estavam preenchidos por essa terra.

Meu filho examinou a superfície desse morro até sua base na direção sudoeste. Sob a grande vala, onde a inclinação era de cerca de 24 graus, a terra vegetal ficava muito fina — mais precisamente, sua espessura variava de 3,8 cm a 6,35 cm; enquanto perto da base, onde a inclinação era de apenas 3 ou 4 graus, a espessura aumentava para 20,3 cm a 22,9 cm. Podemos então concluir que, nesse morro artificialmente modificado, bem como nos vales naturais dos morros de giz, na mesma região, alguma quantidade de terra fina, que provavelmente deriva em grande medida dos dejetos de minhocas, escorre para baixo e se acumula nas partes inferiores, a despeito da infiltração de uma quantidade desconhecida para dentro do giz subjacente. Uma provisão de matéria terrosa fresca é fornecida pela dissolução do giz por agentes atmosféricos e outros.

Conclusão

Resumo do papel que as minhocas têm cumprido na história do mundo — Sua participação na decomposição das rochas — Na desnudação dos solos — Na preservação de ruínas antigas — Na preparação do solo para o crescimento das plantas — As capacidades mentais das minhocas — Conclusão

As minhocas vêm cumprindo um papel mais importante na história do mundo do que a maioria das pessoas imaginaria num primeiro momento. Em quase todos os países úmidos, elas são extraordinariamente numerosas e possuem enorme força muscular em proporção a seu tamanho. Em muitas partes da Inglaterra, um total de mais de 10 t (10.516 kg) de terra seca por acre passa por seu corpo a cada ano e é então levado à superfície. Assim, toda a camada superficial de terra vegetal atravessa seu corpo no decorrer de alguns anos. Devido ao colapso das galerias antigas, a terra vegetal é mantida em constante, embora vagaroso, movimento, e as partículas que a compõem são dessa maneira friccionadas umas nas outras. Por causa desses fatores, as superfícies novas são constantemente expostas à ação do ácido carbônico presente no solo, e dos ácidos húmicos, que parecem ser ainda mais eficazes na decomposição das rochas. A geração de ácidos húmicos é provavelmente acelerada pelo processo de digestão das muitas folhas semidecompostas que as minhocas consomem. Dessa maneira, as partículas de terra que formam a terra vegetal estão sujeitas a condições excepcionalmente favoráveis à decomposição e à desintegração. Além disso, as partículas das pedras mais macias sofrem algum grau de trituração mecânica pela moela musculosa das minhocas, onde há pequenas pedras que servem de mó.

Os dejetos pulverizados que são levados à superfície num estado úmido escorrem com as chuvas em qualquer inclinação moderada; e as partículas menores deslizam até muito longe em superfícies minimamente inclinadas. Quando secos, os dejetos costumam se fragmentar em pelotas pequenas, que tendem a rolar para baixo em qualquer declive. No caso de terrenos planos e cobertos de vegetação, e onde o clima for úmido o suficiente para que a poeira não seja soprada pelo vento, parece, à primeira vista, impossível haver qualquer grau perceptível de desnudação subaérea; mas os dejetos de minhoca, sobretudo quando ainda estão úmidos e viscosos, são soprados numa direção uniforme pelos ventos mais fortes que acompanham as chuvas. Por esses diversos meios, a terra vegetal da superfície é impedida de se acumular até compor uma espessura muito grossa; uma camada espessa de terra vegetal interrompe, por vários motivos, a decomposição das rochas e fragmentos de rochas subjacentes.

A remoção dos dejetos de minhoca pelos métodos descritos acima leva a resultados que não são de ignorar. Já se comprovou como uma camada de terra de 5 mm de espessura é levada à superfície a cada ano no espaço de um acre; se uma pequena quantidade disso fluir, rolar ou escorrer, ainda que seja por curta distância, por qualquer superfície inclinada; ou se ela for soprada numa mesma direção repetidas vezes, o efeito produzido no decorrer de um longo período será notável. As medidas e os cálculos mostraram que, numa superfície de inclinação média de 9°26', 6 cm^3 de terra expelida por minhocas atravessa, ao fim de um ano, uma linha de 91,4 m de extensão. Esse mesmo resultado, se calculado com terra úmida, equivale a um peso de 5,2 kg. É digno de nota o peso que se move, de modo contínuo, pelas laterais de cada vale, e que chegará, finalmente, ao seu leito. Por fim, essa terra será transportada pelas correntezas que correm pelos vales até o oceano, o grande receptáculo de toda matéria desnudada da terra. Pela quantidade de sedimento que a cada ano é levada pelo rio Mississípi até desembocar no mar, sabemos que sua área de drenagem deve necessariamente afundar em média 0,067 mm por ano; e que isso seria o bastante para abaixar a área mais baixa de drenagem ao nível do mar em 4,5 milhões de anos. De modo que, se uma pequena fração da camada de terra fina, de 5 mm de espessura, que é a cada ano levada à superfície pelas minhocas, fosse removida, haveria consequências vastas produzidas num período de tempo que geólogo nenhum consideraria muito longo.

Os arqueólogos deveriam ser gratos às minhocas, pois elas protegem e preservam todo objeto (que não for suscetível a decomposição) deixado na superfície da terra por um longo período ao enterrá-lo sob seus dejetos. Foi assim também que muitos elegantes e curiosos pavimentos de mosaico, além de outras ruínas antigas, foram preservados; ainda que, sem dúvida, nesses casos as minhocas tenham contado com a participação generosa da terra que escorre ou é soprada dos campos vizinhos, sobretudo dos que são cultivados. Os velhos pavimentos de mosaico, porém, muitas vezes têm sofrido desníveis ao afundar, por serem escavados de modo desigual pelas minhocas.

Até mesmo os antigos muros e paredes maciços são passíveis de ser escavados e, então, afundar. Nesse sentido, nenhuma construção está segura a menos que seus alicerces tenham sido colocados a 1,8 m ou 2,1 m de profundidade em relação à superfície — distância que as minhocas não são capazes de penetrar. É provável que muitos monólitos e alguns muros antigos tenham caído de tanto serem escavados por elas.

As minhocas preparam o terreno de maneira excelente para o crescimento de todo tipo de planta jovem ou cujas raízes são fibrosas. Elas expõem a terra vegetal ao ar livre periodicamente, e a filtram de modo a deixar nela apenas as pedras que são maiores do que as que conseguem engolir. As minhocas misturam por completo o todo, como um jardineiro que prepara a terra fina para suas plantas prediletas. Nesse estado, ela está apta a guardar a umidade e absorver todas as substâncias solúveis, e também ao processo de nitrificação. Os ossos de animais mortos, as partes duras dos insetos, as conchas dos moluscos terrestres, as folhas, gravetos etc., são em pouco tempo enterrados sob o acúmulo de dejetos das minhocas, e são assim levados, num estado mais ou menos decomposto, ao alcance das raízes das plantas. Do mesmo modo, as minhocas arrastam uma quantidade infinita de folhas mortas e outras partes de plantas para dentro de suas galerias, em parte para vedá-las, em parte para servirem de alimento.

As folhas que são arrastadas para dentro das galerias como alimento são então rasgadas em pequeníssimas tiras, parcialmente digeridas e encharcadas pelas secreções intestinais e urinárias e, enfim, misturadas com grande quantidade de terra. Essa terra forma o humo escuro e rico que, em quase toda parte, cobre a superfície dos terrenos como uma camada ou cobertura bastante nítida. Von Hensen[1] colocou duas minhocas numa vasilha de 45,7 cm de diâmetro preenchida de areia e, em seguida, espalhou sobre ela algumas folhas caídas; as folhas foram logo arrastadas para dentro das galerias a uma profundidade de 7,6 cm. Depois de cerca de seis semanas, uma camada quase uniforme de areia, de 1 cm de espessura, foi convertida em humo, após ter passado pelo canal alimentar dessas duas minhocas. Há quem acredite que as galerias das minhocas, que muitas vezes chegam a atravessar perpendicularmente o solo a uma profundidade de 1,5 m ou 1,8 m, auxiliam concretamente na drenagem da água da chuva que cai ali. Elas permitem que o ar penetre a terra até bem fundo. Também facilitam muito a descida de raízes de tamanho médio, que acabam nutridas pelo humo que forra as galerias. Muitas sementes germinam porque foram cobertas por dejetos; e outras, que são enterradas a grande profundidade, sob um acúmulo de dejetos, permanecem dormentes até o momento futuro em que são descobertas por acaso e germinam.

As minhocas são dotadas de parcos órgãos sensoriais: embora possam discernir a luz da escuridão, não podemos, contudo, afirmar que elas enxergam; são completamente surdas, e possuem apenas capacidades olfativas débeis; de todos os sentidos, apenas o toque é bem desenvolvido. Desse modo, elas não têm como aprender muito sobre o mundo exterior, e é surpreendente que exibam certa aptidão para forrar as galerias com seus dejetos e folhas e que algumas espécies empilhem seus dejetos em construções em forma de torre. Mas é muito mais surpreendente que elas pareçam exibir algum grau de inteligência e não apenas meros impulsos cegos e instintivos na maneira como tampam a entrada de suas galerias. Agem quase do mesmo modo que um homem diante da tarefa de fechar um tubo cilíndrico com diferentes tipos de folhas, pecíolos, triângulos de papel etc., pois tendem a apanhar esses objetos pela extremidade pontiaguda. No entanto, alguns objetos estreitos são arrastados pelo lado mais grosso. A maior parte dos animais inferiores tende a agir de uma só maneira invariável em todos os casos; já as minhocas, não. Elas, por exemplo, não arrastam as folhas pelo pé delas, a menos que a parte basal da lâmina seja tão estreita quanto o topo dela, ou mais.

Quando contemplamos a vastidão de um amplo relvado, devemos lembrar que sua uniformidade, a que atribuímos tanto de sua beleza, depende sobretudo do nivelamento vagaroso de suas irregularidades pelas minhocas. É maravilhoso refletir sobre o fato de que toda a terra vegetal da superfície, em qualquer lugar como esse, passou, e passará novamente, em poucos anos, pelo corpo das minhocas. O arado é uma das invenções humanas mais antigas e valiosas; mas muito antes de ele existir, a terra, na verdade, era arada continuamente e segue sendo arada pelas minhocas terrestres. É questionável se haverá muitos outros animais cujo papel na história do mundo seja tão importante como o dessas criaturas que ocupam um patamar modesto na escala da organização. Outro animal, porém, inferior às minhocas nessa escala, o coral, vem realizando um trabalho ainda mais marcante ao construir inúmeros recifes e ilhas nos grandes oceanos; mas estão quase totalmente restritos às zonas tropicais.

POSFÁCIO

Darwin no papel de ecólogo-etólogo

Se você, mesmo tendo concluído a leitura deste livro, ainda não teve fôlego para encarar as páginas venerandas de *A origem das espécies*, eis uma boa notícia: muito do que há de mais característico na escrita e no pensamento de Charles Robert Darwin pode ser encontrado aqui mesmo. A maneira como o naturalista enxerga as minhocas e seu papel na natureza é um microcosmo de seu estilo de raciocinar sobre fenômenos biológicos e geológicos. De quebra, o texto também revela como ele era capaz de antecipar ideias que acabaram se mostrando férteis para os cientistas que viriam depois dele — às vezes, quase um século depois. Ainda que o tema da obra possa parecer prosaico demais à primeira vista, o presente livro funciona como um fecho surpreendentemente adequado para a carreira e a vida do naturalista, que morreria em abril de 1882, apenas seis meses depois da publicação original.

Entre as facetas antecipatórias a que me refiro, *A formação da terra vegetal...* é particularmente intrigante no que diz respeito ao Darwin ecólogo, investigador das conexões entre espécies e seu ambiente; e ao Darwin etólogo, com seu fascínio pelo comportamento e pela inteligência animal, mesmo quando o tema são "animais inferiores", como se dizia na época dele. Antes de abordar o que há de "futurista" (ao menos do ponto de vista do século 19) nessas duas facetas, no entanto, convém mostrar como elas emergem de tendências mais gerais do pensamento darwiniano.

É sempre temerário fazer qualquer afirmação muito generalizante para uma obra tão variada quanto a de Darwin. Mas, se for estritamente necessário correr esse risco, ninguém vai errar muito feio se disser que um de seus pressupostos mais importantes é o *uniformitarianismo*.

Formulado e popularizado por dois outros britânicos, os patriarcas da geologia James Hutton (1726-1797) e Charles Lyell (1797-1875), o conceito encapsula a importância dos fatores graduais, que podem ser vistos em ação todos os dias, para as transformações de larga escala na feição do planeta. Trata-se literalmente do princípio "água mole em pedra dura" (ou, como este livro demonstra em quase todas as páginas, "minhoca mole em pedrinhas e solo compactado"). Para os uniformitarianistas, os efeitos incrementais de pequenas alterações separadas, distribuídos por períodos longuíssimos de tempo, são suficientes para produzir mudanças tão portentosas quanto a transformação de uma cordilheira em morros de aclive suave ou o revolvimento ininterrupto de todo o solo da Terra.

Fica fácil perceber como essa lógica é igualmente sedutora quando as imensas escalas do tempo geológico, típicas do uniformitarianismo, são aplicadas à evolução dos seres vivos. A ideia de seleção natural, conforme formulada por Darwin, é de um gradualismo comparável ao que se vê em contextos geológicos, embora, no caso dos seres vivos, a lentidão das mudanças numa escala de tempo humana seja só parte da equação, é claro.

Vale ressaltar, além disso, que o tema das minhocas é só o último exemplo de um interesse mais amplo pela transformação geológica gradual causada por pequenos organismos. É o que se vê numa das obras da juventude de Darwin, *The Structure and Distribution of Coral Reefs*, de 1842, na qual ele usa as observações feitas durante sua viagem no navio *Beagle* para propor uma teoria da formação dos recifes de coral e atóis, por meio da interação entre os invertebrados criadores de colônias e as variações da crosta terrestre. Não por acaso, a ação dos corais é comparada à das minhocas (com vantagem, na escala de atuação, para essas últimas) no último parágrafo deste livro.

A maneira como Darwin constrói sua argumentação em favor do poderio uniformitarianista das minhocas também é típica de suas outras obras e corresponde a uma combinação metódica de observações e experimentação, que busca ser, a um só tempo, quantitativa e atenta a detalhes de morfologia, comportamento e contexto ambiental. O naturalista acredita na capacidade explicativa de múltiplas linhas de evidência convergindo para o mesmo ponto e na força cumulativa dos dados que recolhe; os experimentos que descreve são simples mas engenhosos, e a sensação de que ele está se divertindo ou se surpreendendo diante de determinado comportamento é palpável. Nesse ponto, não parece haver um grande abismo entre o menino que colecionava besouros com avidez e a figura barbada e grisalha, já no fim da vida.

INTELIGÊNCIA VERMIFORME

A atenção dedicada pelo livro a todas as variações possíveis do processo de arrastar folhas para dentro das galerias das minhocas, com experimentos que testam diferentes hipóteses, é mais um testemunho do profundo interesse de Darwin pela cognição e complexidade comportamental dos animais. Se a definição clássica do trabalho dos etólogos é "entrevistar um animal na língua dele", conforme dizia o ganhador do Nobel Nikolaas "Niko" Tinbergen (1907-1988), a presente obra se encaixa perfeitamente nessa proposta. Mais uma vez, não se trata de algo exatamente novo na trajetória do naturalista. Em *A expressão das emoções no homem e nos animais*, publicado dez anos antes da obra sobre as minhocas, Darwin delineou o programa que acabaria se consolidando nas gerações seguintes de pesquisadores (não sem alguns desvios no trajeto entre o século 19 e hoje). Segundo essa visão, há apenas uma diferença de grau, ainda que muito elevada, entre as capacidades cognitivas da nossa espécie e as da maioria dos outros seres vivos com sistema nervoso. Elementos básicos da cognição e da flexibilidade comportamental, como o aprendizado e as emoções, são fundações comuns em cima das quais os andares da inteligência humana foram sendo construídos. E tais fundações já foram lançadas inclusive no caso de organismos como as minhocas. Vale a pena rememorar o que ele diz após concluir a litania dos experimentos com folhas:

> Resta apenas uma alternativa, a de que as minhocas, embora pertençam a um nível baixo na escala da organização dos seres vivos, têm algum grau de inteligência. Todos acharão isso improvável. Mas vale a pergunta: será que conhecemos bem o suficiente o sistema nervoso dos animais inferiores, a ponto de podermos justificar nossa desconfiança natural diante de tal conclusão? No que diz respeito ao tamanho dos gânglios cerebrais, devemos recordar o montante de conhecimento herdado, e a eventual capacidade de adaptação dos meios aos fins, que cabe no diminuto cérebro da formiga operária. (p. 70)

A observação sobre o "sistema nervoso dos animais inferiores" é particularmente presciente quando se considera que boa parte do que aprendemos nos séculos 20 e 21 sobre formação de memórias e aprendizado vem originalmente de outro invertebrado naturalmente gosmento, a lesma-do-mar (ou lebre-do-mar) *Aplysia californica*. Algo parecido vale para os efeitos de antidepressivos e ansiolíticos, despejados com frequência cada vez maior em rios e lagos, sobre o comportamento de peixes, crustáceos e outros animais marinhos. Em sua época ou na primeira metade do século 20, Darwin podia ser alvo de críticas por antropomorfizar em demasia a cognição animal, mas decididamente acabou rindo por último. (De passagem, note-se que sua observação sobre as formigas foi um pouco menos presciente. Ao que parece, a complexidade comportamental dos insetos sociais depende pouco da cognição de cada operária individual, emergindo, em vez disso, de interações simples entre grupos grandes de formigas.)

ENGENHEIRAS DE ECOSSISTEMAS

Resta examinar ainda o que talvez seja a grande contribuição conceitual trazida por este livro, embora a ficha tenha demorado muitas décadas para cair de vez. É claro que Darwin não usa a expressão "engenharia de ecossistemas" para se referir aos serviços prestados pelas minhocas nos solos do mundo todo, mas essa é o melhor jeito de qualificar os processos que ele descreveu.

O impacto dos anelídeos é, no fundo, apenas um caso especial de um fenômeno bem mais amplo. Os engenheiros de ecossistemas frequentemente são invertebrados discretos como as minhocas, mas também podem ser espécies grandalhonas e carismáticas, como os elefantes. O que todos têm em comum é a capacidade de produzir heterogeneidade nos fluxos de matéria e energia dos ambientes que habitam, fornecendo recursos que podem ser consumidos por outras espécies (sem que elas precisem consumir o próprio engenheiro de ecossistemas, bem entendido) ou abrindo espaços em que tais espécies podem se inserir e prosperar.

Sem a presença deles, a tendência é que ocorra um empobrecimento das possibilidades daquele ecossistema. Faz muito sentido imaginar que essa função seja um dos elementos que sustentam o potencial evolutivo de um ambiente, por assim dizer — a capacidade de criar brechas nas quais novas adaptações podem acontecer. Eis aí algo ainda mais portentoso do que a mera manutenção da fertilidade do solo.

Para concluir este posfácio, não consigo resistir à tentação de um rápido retorno ao finalzinho de *A origem das espécies*. Nele, na célebre passagem do *entangled bank* — que é inevitável abrasileirar como "barranco emaranhado" —, Darwin se permite um pouco de lirismo ao tentar convencer o leitor de que "há grandeza nesta visão da vida", a visão dos fenômenos biológicos regidos pela seleção natural (a tradução é minha):

> É interessante contemplar um barranco emaranhado, revestido de muitas plantas de muitos tipos, com pássaros cantando nas moitas, com vários insetos ziguezagueando em volta e minhocas rastejando pela terra encharcada, e refletir que essas formas construídas de modo elaborado, tão diferentes umas das outras, e dependentes umas das outras de maneira tão complexa, foram todas produzidas por leis agindo ao nosso redor [...] e, enquanto este planeta permanece girando de acordo com a lei fixa da gravidade, a partir de um princípio tão simples, formas infindas belíssimas e maravilhosas evoluíram e continuam evoluindo.

O leitor há de querer me esganar pelo uso de mais um clichê, mas qualquer semelhança com a conclusão do presente livro não é mera coincidência, mesmo quando Darwin não está pensando diretamente no fenômeno da seleção natural ao escrever as seguintes linhas:

> Quando contemplamos a vastidão de um amplo relvado, devemos lembrar que sua uniformidade, a que atribuímos tanto de sua beleza, depende sobretudo do nivelamento vagaroso de suas irregularidades pelas minhocas. É maravilhoso refletir sobre o fato de que toda a terra vegetal da superfície, em qualquer lugar como esse, passou, e passará novamente, em poucos anos, pelo corpo das minhocas. O arado é uma das invenções humanas mais antigas e valiosas; mas muito antes de ele existir, a terra, na verdade, era arada continuamente e segue sendo arada pelas minhocas terrestres. (p. 207)

O paralelismo rítmico e semântico, como você deve ter percebido, estende-se até mesmo ao uso dos tempos verbais que denotam, ao mesmo tempo, os processos de larga escala no passado e sua continuidade no presente (e no futuro, enquanto a Terra durar). Parafraseando o que já se disse acerca da história humana, a evolução da vida não se repete, é verdade — mas muitas vezes acaba rimando.

REINALDO JOSÉ LOPES

Reinaldo José Lopes atua como jornalista de ciência desde 2001, ano em que concluiu a graduação em jornalismo pela USP. Também pela USP, fez mestrado e doutorado no programa de estudos linguísticos e literários em inglês. É repórter e colunista da Folha de S.Paulo *e autor de dez livros de divulgação científica, entre eles dois com Darwin no título,* Além de Darwin *e* Darwin sem frescura, *e tem planos de escrever vários outros invocando o santo nome do pobre naturalista. Mora em sua cidade natal, São Carlos (SP), com sua esposa, seus dois filhos e uma jack russell chamada Zelda.*

Notas

INTRODUÇÃO [PP. 7-11]

1. *Leçons de géologie pratique*, v. I, 1845, p. 140.
2. *Transactions Geological Society*, v. v, p. 505. Leitura do dia 10 de novembro de 1837.
3. *Histoire des progrès de la Géologie*, t. I, 1847, p. 224.
4. *Zeitschrift für wissenschaftliche Zoologie*, v. XXVIII, p. 361, 1877.
5. *Gardeners' Chronicle*, p. 418, 17 abr. 1869.

OS HÁBITOS DAS MINHOCAS [PP. 12-41]

1. Gustavus Augustus Eisein, *Bidrag till Skandinaviens Oligochætfauna*, 1871.
2. Id., *Die bis jetzt bekannten Arten aus der Familie der Regenwürmer*, 1845.
3. Há até mesmo razão para crer que a pressão é, na verdade, favorável ao crescimento das gramíneas, pois o professor Buckman, responsável por diversas observações a respeito desse crescimento nos jardins experimentais do Royal Agricultural College, comenta (*Gardeners' Chronicle*, p. 619, 1854): "Outra circunstância do cultivo das gramíneas em locais separados ou em pequenos quadrados é a impossibilidade de revolvê-las ou pisá-las com firmeza, o que impede a formação de um bom pasto".
4. Haverá outras ocasiões para me referir ao admirável relato de M. Perrier, "Organisation des Lombriciens terrestres", em *Archives de zoologie*

expérimentale et generale, v. III, p. 372, 1874. C. F. Morren (*De lumbrici terrestris*, 1829, p. 14) notou que as minhocas suportavam a imersão por quinze ou vinte dias durante o verão. No inverno, morriam sob as mesmas condições.

5. C. F. Morren, op. cit., p. 67.

6. Ibid., p. 14.

7. Edouard Claparède, "Histologische Untersuchungen über die Regenwurm". *Zeitschrift für wissenschaftliche Zoologie*, v. XIX, p. 611, 1869.

8. Por exemplo, os srs. Bridgman e Newman (*The Zoologist*, v. VII, p. 2576, 1849) e alguns amigos que observaram minhocas para mim.

9. Gustavus Augustus Eisen, *Familie der Regenwürmer*, op. cit., p. 18.

10. Bridgman e Newman, op. cit., p. 2576.

11. Gustavus Augustus Eisen, *Familie der Regenwürmer*, op. cit., p. 13.

12. C. F. Morren, op. cit., p. 19.

13. *Archives de Zoologie expérimentale et generale*, v. VII, p. 394, 1878.

14. Sobre a ação dos fermentos pancreáticos, ver Michael Foster, *A Text-Book of Physiology*, 2. ed., 1878, pp. 198-203.

15. Schmulewitsch, "Action des sucs digestifs sur la cellulose". *Bulletin de l'Académie Imperiale*, v. XXV, p. 549, 1879.

16. Claparède questiona se as minhocas secretam saliva. Ver "Histologische Untersuchungen über die Regenwurm", op. cit., p. 601.

17. M. Perrier, *Archives de Zoologie expérimentale et generale*, pp. 416, 419, jul. 1874.

18. Edouard Claparède, op. cit., pp. 603-6.

19. Hugo de Vries, *Landwirtschaftliche Jahrbücher*, 1881, p. 77.

20. Michael Foster, *A Text-Book of Physiology*, op. cit., p. 243.

21. Ibid., p. 200.

OS HÁBITOS DAS MINHOCAS — *CONTINUAÇÃO* [PP. 42-89]

1. Claparède comenta (op. cit., p. 602) que, por sua estrutura, a faringe parece ser adaptada para a sucção.

2. As observações dela foram registradas em *Gardeners' Chronicle*, p. 324, 28 mar. 1868.

3. John Claudius Loudon, *The Gardener Magazine*, v. XVII. p. 216, apud George Johnston (Org.), *A Catalogue of the British Non-Parasitical Worms in the Collection of the British Museum*, 1865, p. 327.

4. Gustavus Augustus Eisen, *Familie der Regenwürmer*, op. cit., p. 19.

5. Nesses triângulos mais estreitos, o ângulo apical é de 9°34'; o ângulo basal, de 85°13'. Nos triângulos mais largos, o ângulo apical é de 19°10' e o ângulo basal, de 80°25'.

6. Ver seu interessante trabalho *Souvenirs entomologiques*, 1879, pp. 168-77.

7. Karl Möbius, *Die Bewegungen der Thiere und ihr psychischer Horizont*, 1873, p. 111.

8. *Annals and Magazine of Natural History*, v. IX, n. II, p. 333, 1852.

9. M. Perrier, op. cit., p. 405.

10. Faço essa afirmação sob a autoridade de C. Semper, *Reisen im Archipel der Philippinen*, v. II, 1877, p. 30.

11. O dr. King me deu algumas minhocas coletadas próximo a Nice, as quais, segundo ele, produziram esses dejetos. Elas foram enviadas ao sr. Perrier, que muito gentilmente as examinou e discriminou: eram da espécie *Perichaeta affinis*, nativa da Cochinchina e das Filipinas; *P. luzonica*, nativa de Luzon, nas Filipinas; e *P. houlleti*, que vive perto de Calcutá. O sr. Perrier me informa que algumas espécies de *Perichaeta* já foram naturalizadas nos jardins próximo a Montpellier e em Argel. Antes que eu tivesse razões para suspeitar que os dejetos em forma de torre vindos de Nice fossem provenientes de minhocas exógenas ao país, surpreendi-me enormemente com o fato de serem muito parecidos com os dejetos que me foram enviados desde o entorno de Calcutá, onde é sabido haver abundância dessa espécie de *Perichaeta*.

12. Victor Hensen, "Die Thätigkeit des Regenwurms...". *Zeitschrift für wissenschaftliche Zoologie*, v. XXVIII, p. 364, 1877.

13. Ibid., p. 356.

14. M. Perrier, op. cit., p. 378.

A QUANTIDADE DE TERRA FINA LEVADA PELAS MINHOCAS À SUPERFÍCIE [PP. 90-118]

1. Esse exemplo foi oferecido como pós-escrito em meu artigo para a *Transactions of the Geological Society* (v. V, p. 505) e contém um erro grave, pois, naquele relato, confundi o número 30 com o 80. Além disso, o arrendatário havia primeiro dito ter distribuído a marga trinta anos antes, mas, nesse segundo momento, ele estava certo de que isso tinha ocorrido em 1809, ou seja, 28 anos antes da primeira vez que meu amigo examinou o campo. O erro concernente ao número 80 foi corrigido em outro artigo meu, na *Gardeners' Chronicle*, p. 218, 1844.

2. Esses fossos, ou canos, ainda estão em processo de formação. Nos últimos quarenta anos, observei ou ouvi falar de cinco vezes em que um espaço circular, de alguns centímetros de diâmetro, subitamente cedeu, deixando um buraco de alguns centímetros de profundidade aberto no campo, com laterais perpendiculares à superfície. Foi o que aconteceu num dos meus terrenos, enquanto ele estava sendo aplainado com um rolo compressor e as patas traseiras do cavalo de tração caíram no buraco; foram necessários dois ou três carregamentos de entulho para preenchê-lo. O local onde o solo cedeu ficava numa grande depressão, como se a superfície já tivesse cedido em vários períodos anteriores. Ouvi falar de um buraco que deve ter se formado de uma só vez no fundo de uma lagoinha rasa, que serviu, durante muitos anos, de local para banho das ovelhas; um homem que se ocupava delas levou o tremendo susto de cair nesse buraco. Nesse distrito inteiro, a água da chuva penetra a terra perpendicularmente. Mas, como o giz é mais poroso em alguns locais do que em outros, a drenagem da camada superior de argila é direcionada a certos pontos onde há uma quantidade maior de matéria calcária dissolvida. Pode-se encontrar até mesmo canais estreitos que são abertos no giz sólido. À medida que o giz vai sendo dissolvido em todo o território — em maior medida em certos locais do que em outros —, o resíduo não dissolvido de argila vermelha e sílex também afunda lentamente e tende a preencher os canos, ou cavidades. Mas a parte superior de argila vermelha se mantém firme por mais tempo do que a parte inferior, provavelmente por ser sustentada pelas raízes das plantas, formando assim uma espécie de telhado que, cedo ou tarde, despenca, como nos cinco casos mencionados. O movimento descendente da argila pode ser comparado ao de uma geleira, mas imensamente mais lento; e esse movimento é o que explica um fato peculiar: embora muitas pedras alongadas de sílex se encontrem cravadas no giz em posição praticamente horizontal, elas costumam estar em posição vertical ou quase vertical na argila vermelha. Esse fato é tão comum que os trabalhadores me garantiram ser essa a posição natural do sílex. Medi um pedaço que estava na vertical, e ele tinha aproximadamente o mesmo comprimento e mais ou menos a largura do meu braço. Essas pedras de sílex alongadas devem ser postas em pé, como acontece também quando os troncos de árvores são pegos numa geleira e assumem a posição paralela à linha do movimento. O sílex na argila, que chega a formar quase metade da sua massa, está muitas vezes fragmentado, mas não rolado nem desgastado. Talvez isso se deva à pressão mútua que sofre quando toda a massa afunda. Também vale observar que aqui o giz parece ter sido coberto em parte por uma leve camada de areia fina, com algumas pedras de sílex perfeitamente redondas, provavelmente da Era Terciária, pois essa areia costuma preencher até certo ponto os buracos, ou cavidades, mais profundos do giz.

3. Samuel W. Johnson, *How Crops Feed*. Nova York: Orange Judd & Co., 1870, p. 139.

4. *Nature*, p. 28, nov. 1877.

5. *Proceedings of the Literary and Philosophical Society*, p. 247, 1877.

6. *Transactions and Proceedings of the New Zealand Institute*, v. XII, 1880, p. 152.

7. Numa carta (junho de 1838) a Sir C. Lyell, o sr. Lindsay Carnagie comenta que os fazendeiros escoceses receiam espalhar cal por um terreno arado até instantes antes de semeá-lo, porque acreditam que a cal tem a tendência de afundar. E acrescenta: "Há alguns anos, no outono, espalhei cal sobre o restolho de aveia e depois arei o terreno; dessa maneira, a cal ficou em contato com a matéria vegetal em decomposição e garantiu a mistura homogênea dos elementos durante os períodos de pousio. Por causa dos preconceitos mencionados, consideraram que eu havia cometido um erro tremendo; mas o resultado foi um sucesso excepcional, e a prática passou a ser *parcialmente* copiada. Graças às observações do sr. Darwin, acredito que esse preconceito venha a ser vencido".

8. Essa conclusão, como veremos em breve, é plenamente justificada e tem alguma importância. As pedras de demarcação de terra, que os agrimensores fincam no solo para manter registrado o nível do local, podem, com o passar do tempo, oferecer parâmetros falsos. Meu filho Horace pretende aferir, num momento futuro, até que ponto isso já ocorreu.

9. O sr. Mallet comenta (*Quarterly Journal of Geological Society*, v. XXXIII, p. 745, 1877) que "o grau em que já se observou a compactação do solo sob as construções de estruturas arquitetônicas pesadas, como as torres de uma catedral, é tão notável quanto instrutivo e curioso. O nível da depressão pode chegar a uma profundidade mensurável em centímetros". Ele exemplifica com a Torre de Pisa, mas acrescenta que ela foi erguida sobre "argila densa".

10. Victor Hensen, op. cit., p. 354.

11. Ver o artigo do sr. Dancer em *Proceedings of the Literary and Philosophical Society*, p. 248, 1877.

O PAPEL EXERCIDO PELAS MINHOCAS NO SOTERRAMENTO DE ANTIGAS CONSTRUÇÕES [PP. 119-55]

1. *Leçons de géologie pratique*, op. cit., p. 142.

2. Um breve relato dessa descoberta foi publicado no *Times*, 2 jan. 1878; um relato mais completo apareceu no *Builder*, 5 jan. 1878.

3. Há diversos relatos publicados desses escombros; o melhor é do sr. James Farrer no *Proceedings of the Society of Antiquaries of Scotland*, v. VI, parte II, p. 278, 1867. Há também o de J. W. Grover no *Journal of the British Archaeological Association*, jun. 1866. O professor Buckman também publicou *Notes on the Roman Villa at Chedworth*, 2. ed., Cirencester, 1873.

4. Detalhes recolhidos no verbete "Hampshire", da *Penny Encyclopaedia*.

A AÇÃO DAS MINHOCAS NA DESNUDAÇÃO DO SOLO
[PP. 156-72]

1. "On the Denudation of South Wales...". *Memoirs of the Geological Survey of Great Britain*, v. I, p. 297, 1846.

2. *Geological Magazine*, v. IV, pp. 447, 483, out./nov. 1867. Esse relato notável contém referências abundantes sobre o assunto.

3. Alfred Tylor, "On Changes of the Sea-Level...". *Philosophical Magazine*, n. 4, v. v, p. 258, 1853; Archibald Geikie, *Transactions of the Geological Society of Glasgow*, v. III, p. 153 (leia-se mar. 1868); James Croll, "On Geological Time". *Philosophical Magazine*, maio/ago./nov. 1868. Ver também James Croll, *Climate and Time*, 1875, cap. XX. Para informações recentes sobre a quantidade de sedimento arrastada pelos rios, ver *Nature*, 23 set. 1880. O sr. T. Mellard Read publicou alguns artigos de interesse sobre a quantidade avassaladora de matéria arrastada, dissolvida nos rios. Ver Conferência para a Sociedade Geológica de Liverpool, 1876-77.

4. "An Account of the Fine Dust Which Often Falls on Vessels in the Atlantic Ocean". *Proceedings of the Geological Society of London*, 4 jun. 1845.

5. Sobre La Plata, ver meu *Diário de Pesquisas a bordo do Beagle*, 1845, p. 133. Élie de Beaumont ofereceu um excelente relato (*Leçons de géologie pratique*, op. cit., p. 183) da enorme quantidade de poeira transportada em alguns países. Não posso deixar de imaginar que o sr. Proctor cometeu certo exagero sobre a ação da poeira num país úmido como a Grã-Bretanha (*Pleasant Ways in Science*, p. 379, 1879). James Geikie ofereceu um resumo completo das opiniões de Richthofen das quais ele, no entanto, discorda (*Prehistoric Europe*, p. 165, 1880).

6. Essas afirmações foram retiradas de Victor Hensen, op. cit., p. 360. As que dizem respeito à turfa vêm do sr. Alexis A. Julien, "On the Geological Action of Humus-Acids". *Proceedings of the American Association for the Advancement of Science*, v. XXVIII, p. 314, 1879.

7. Expus alguns fatos sobre as condições necessárias ou favoráveis do clima para a formação da turfa em meu *Diário de Pesquisas*, 1845, p. 287.

8. Alexis A. Julien, op. cit., p. 311. Também "Chemical Erosion on Mountain Summits". *New York Academy of Sciences*, 14 out. 1878, apud *American Naturalist*. Ver também, a esse respeito, Samuel W. Johnson, op. cit., p. 138.

9. Ibid., p. 326.

10. Essa afirmação foi feita pelo sr. Julien, op. cit., p. 330.

11. O poder de preservação que uma camada de terra vegetal e grama tem é muitas vezes demonstrado pelo estado perfeito em que se encontram as estrias glaciais em pedras que são expostas pela primeira vez. O sr. J. Geikie sustenta, em seu trabalho mais recente e muito interessante (*Prehistoric*

Europe, 1881), que as estrias mais completas foram provavelmente provocadas no último ataque do frio e aumento do gelo, durante o duradouro e intermitente período glacial.

12. Muitos geólogos vêm sendo surpreendidos pelo completo desaparecimento do sílex em áreas extensas e praticamente planas, onde o giz vem sendo removido pela desnudação subaérea. Mas a superfície de todo sílex é recoberta por uma camada opaca e modificada, que chega a ceder um pouco à pressão de uma ponta de aço, ao contrário das superfícies recém-lascadas e translúcidas. A retirada, por agentes atmosféricos, dessa camada externa e modificada que se encontra na superfície do sílex exposto ao ar livre, embora seja, sem dúvida, extremamente lenta, e a introjeção dessa camada na pedra levarão no fim das contas, como se pode imaginar, à completa desintegração do sílex, embora ele pareça ser extremamente durável.

13. M. Perrier, op. cit., p. 409.

14. *Nouvelles Archives du Muséum*, v. VIII, pp. 95, 131, 1872.

15. Morren, ao falar da terra no canal alimentar das minhocas, diz "*praesepè cum lapillis commixtam vidi*" [vi um invólucro com pedrinhas misturadas]. In: C. F. Morren, op. cit., p. 16.

16. M. Perrier, op. cit., p. 419.

17. C. F. Morren, op. cit., p. 16.

18. M. Perrier, op. cit., p. 418.

19. Essa conclusão me remete à vasta quantidade de lama extremamente rala e calcária encontrada nas lagoas de vários atóis onde o mar é tranquilo e as ondas são incapazes de triturar os blocos de coral. Acredito que essa lama só possa ser atribuída (Charles Darwin, *The Structure and Distribution of Coral-Reefs*, 2. ed., 1874, p. 19) aos inúmeros anelídeos e outros animais que fazem escavações nos corais mortos, bem como aos peixes, às holotúrias etc. que pastam nos corais vivos.

20. Conferência de aniversário: *The Quarterly Journal of the Geological Society*, maio 1880, p. 59.

A DESNUDAÇÃO DO SOLO — *CONTINUAÇÃO* [PP. 173-201]

1. *Elements of Geology*, 1865, p. 20.

2. *Leçons de géologie pratique*, 1845 (quinta lição). O professor A. Geikie contradiz todos os argumentos de Élie de Beaumont de modo admirável em seu ensaio para a *Transactions of the Geological Society of Glasgow*, v. III, p. 153, 1868.

3. *Illustrations of the Huttonian Theory of the Earth*, p. 107.

4. Em seu pronunciamento como presidente (*Journal of the Anthropological Institute*, maio 1880, p. 451), o sr. E. Tylor comenta: "De acordo com diversos documentos da Sociedade Berlinense sobre os 'campos altos' ou 'campos bárbaros' (Hochäcker e Heidenäcker) da Alemanha, eles correspondem em muitos aspectos aos montes ou terras não cultivadas dos 'sulcos de elfo' escoceses. A respeito desses últimos, os mitos populares os explicam com a história de que os campos foram postos sob interdito papal, e por isso as pessoas passaram a cultivar os morros. Há razões para crer que, assim como os terrenos lavrados das florestas suecas, os quais a tradição atribui aos velhos 'cortadores', os campos incultos da Alemanha são um exemplo de lavoura de um povo antigo e bárbaro".

CONCLUSÃO [PP. 202-7]

1. Victor Hensen, op. cit., p. 360.

Índice remissivo

Os números de página em itálico referem-se a imagens.

Abadia de Beaulieu (Hampshire), 130; dejetos encontrados nas ruínas da, 72, 170
Abinger (Surrey), 47, 80, 121-2, *122*, 154, 168-9, 198; casa romana soterrada em, 121-2, *122*
ácido(s): acético, 26, 36-8, 41, 108, 162; húmicos, 39-40, 97, 156, 162-4, 168, 198, 203; intestinais, 40, 162
Aplysia californica, 212
África, 159
afundamento(s), 124, 128, 130, 146, 148
Alpes (Suíça), 14, 185
amido, 31, 34
amônia, 159, 162-3
anelídeos, 15, 18, 72, 212, 218n
Anemone hortensis, 184
Antilhas, 84
ar, correntes de, 21, 26
Archiac, M. D', 9
Argel, 217n
argila: 80, 133, 141, 164, 181, 188; densa, 219n; vermelha, 73, 92, 96-7, 164, 197-8, 218n
Ásia Central, 160

Atlas (cordilheira), 185
audição, 24

basalto, 100, 163
Batalha de Shrewsbury, 120
Beagle, viagem no, 210
Beaumont, Élie de, 7, 9, 120, 160n, 192, 221n
Bengala (Ásia), 42, 81, 85, 87, 110
Blakeway (antiquário), 120
Brading (Ilha de Wight): casa romana em, 134, 169
Bridgman, Laura, 20, 28-9
Buccleuch, duque de, 131
Buckman, James, 215n; *Notes on the Roman Villa at Chedworth*, 219n

calcário, 39, 107, 110
Calcutá, 87, 180-1, 184, 217n; Jardim Botânico de, 9, 85, *86*
calor, percepção do, 18, 24, 79
campos arados, 192, 214; cumes ou cristas nos, 194
Caracas, 84
Carnagie, Lindsay, 77, 80, 219n
carne crua, 30-1, 76
Ceilão, 89
células calcíferas livres, 37-9

celulose, 76; digestão de, 31
Chedworth (Reino Unido), 133
China, 160
Claparède, Edouard, 20, 35-6, 41, 72, 74, 165, 216nn
Clematis montana, 55; pecíolos usados para tampar galerias, 56-7
cobra-capelo, 67
Cochinchina, 217n
Constante I, 133
construções antigas, soterramento de, 118, 128, 155
coral, 207; lama derivada de, 221n
Crambe maritima, 44
Croll, James, 158, 220n

Dancer, John Benjamin, 100
Darwin Correspondence Project (site), 68n
Darwin, Francis, 33, 133, 136, 186
Darwin, George, 177
Darwin, Horace, 74, 83, 133, 136, 191, 219n
Darwin, William, 51, 131, 134, 196-7
De Koninck, Laurent-Guillaume, 159
desnudação, 156-9, 173, 185, 192, 203, 221n
Digaster, 165
digestão, 30, 38, 41, 161, 203; extraestomacal, 35

Egito, 160
Eisen, Gustav, 13, 77
elefantes, 212
"engenharia de ecossistemas", 212
encosta(s), 98-9, 101, 175-6, 179-81, 183-4, 187-8, 200; aterros em, 184, 187; formação das, 185
entangled bank, 213
Era Terciária, 218n
Escandinávia, 13, 77
Escócia, 15, 77, 80, 172; *ver também* Reino Unido
escombros, 121, 133, 219n; leitos de, 120-1

espécies, conexões entre o ambiente e, 208
Estados Unidos, 84, 158
evacuação, 81, 95
expressão das emoções no homem e nos animais, A (Darwin), 211

Fabre, Jean-Henri, 67
faias, bosque de, 14, 99, 193
faringe, 18, 40, 70, 72, 216n; ação da, 43
Farrer, James, 219n
Farrer, T. H., 121-7
fermentos pancreáticos, 216n
Filipinas, 217n
fluido pancreático, 31, 33-4, 39
folhas: ação do fluido pancreático nas, 33-4; cálcio acumulado nas, 38; cobertura da entrada das galerias, 18, 30, 34, 42-55, 56, 61-2, 64-5, 68-9, 74, 76, 78-80, 87, 126, 161, 205-6; consumidas pelas minhocas, 28-32, 44, 109, 166, 203; decomposição das, 28, 31, 39
formigas, 67, 104-5, 117, 159; inteligência das, 66; operárias, 211
Foster, Michel, 216n
França, 9, 110, 160
Frédéricq, Léon, 31, 34

galerias, 9, 15-7, 20-5, 27, 29-32, 34, 42-59, 61-2, 64-6, 68-9, 71-4, 76-80, 83, 85, 87, 98, 101, 104-5, 108-9, 118, 120, 125-8, 130, 148, 161-6, 170, 176-7, 180, 189, 202, 205-6; atravessando paredes antigas, 127, 142; câmaras revestidas com sementes ou pedras no final das, 80; colapso das antigas, 82; escavação das, 70; folhas e objetos para tampar a entrada das, 44, 46, 49; formação das, 70-2; forradas por terra preta, 82; profundidade, 77; revestimento das, 78, 80;

sementes vivas encontradas nas, 80; vedação das, 45
Galton, sr., 15
Geikie, Archibald, 158, 221n
Geikie, James, 160n, 220-1n
Genebra, 169
Geological Survey of England, 129, 158
giz, 30, 71, 73, 77, 96-7, 106-7, 109, 111, 158, 164, 167, 181-2, 186, 191, 197-9, 200-1, 218n, 221n; dissolução do, 96; formações de, 95; fragmentos enterrados, 96; morros de, 13, 39-40, 116, 186, 196-9, 201; sólido, 218n
glândulas calcíferas, 18, 19, 35, 38-9, 161, 165, 167
Glen Roy (Escócia), 174
gordura crua, 31, 60
Grã-Bretanha, 160, 172, 194, 220n
gramíneas, 215n
Grisedale (Reino Unido), 188
Grover, J. W., 219n

Hampshire (Reino Unido), 130, 135
Henrique VIII, 130, 170
Hensen, Victor, 9, 11, 76-7, 80, 82, 101, 107-9, 117, 161, 205, 220n
Henslow, John Stevens, 185
hibernação, 29, 87
Himalaia, 15, 185
Hoffmeister, Wilhelm, 13, 20, 22, 29, 31, 47, 77, 80
Holwood Park (Reino Unido), 175
Hooker, J., 185
hortelã, 28
Humboldt, Alexander von, 16n
humo, 9, 73, 76, 125, 143, 162, 205-6; ação dos ácidos gerados no, 162-3
Hutton, James, 209
Hyde Park (Reino Unido), 16

Índia, 15, 87-8, 110, 182
Inglaterra *ver* Reino Unido
inteligencia animal, 29-30, 48, 65-8, 70, 206, 208, 210-1

intestino, 19, 34, 36, 39-41, 74, 84, 161, 163, 166-7; estrutura do, 20
Islândia, 84

jiboia, 35
Johnson, H., 150, 153-5, 163
Johnson, S. W., *How Crops Feed*, 163n
Joyce, J. G, reverendo, 135-6, 138, 141-2, 144, 146, 148-9
Julien, A. A., 162-3, 220n; sobre a composição da turfa, 161

Kerguelen, ilhas, 84
Key, H. C., reverendo, 100
King, dr., 9, 74, 76, 81, 87, 89, 110, 114, 182-5, 187, 190, 217n
Knole Park (Reino Unido), 175; bosque de faias em, 14, 99, 193

La Plata (Argentina), tempestades de poeira em, 160
laburno, folhas de, 50, 64
lacraias, 47
Lankester, Ray, 84, 85
Layard, Austen Henry, 67
Leith Hill Place (Surrey, Reino Unido), 101, 107, 112, 114, 129
lesma-do-mar, 212
Lewes (Reino Unido), 186
Londres (Reino Unido), 120
lúcio, 67
Lumbricus terrestres, 13, 19
luz, sensibilidade à, 20-4, 29, 33, 46
Lyell, Charles, 10n, 188, 209, 219n

Madagascar (África), 84
Maer Hall (Staffordshire, Reino Unido), 8, 91, 94, 108, 116
Mallet, R., 219n
Malvinas, ilhas, 84
McIntosh, dr., 15
memória e aprendizado, formação da, 212
minhocas: alimentação, 30, 70-1; canibais, 31; estrutura anatômica

das, 18, 20; fluido digestivo, 30-4, 39-40, 44, 161; folhas e objetos para tampar a entrada das galerias, 44, 48, 51; hábitos, 12-3, 15; ilhas habitadas por, 84; instintos, 29-30; inteligência das, 29, 42, 48, 65-6, 69-70, 206; moela das, 18-9, 35-6, 39, 41, 74, 165-71, 203; mortas pela chuva, 15; olfato, 26; paladar, 28, 166; poder de escavação, 146, 148; poder de sucção, 42, 44, 46, 61, 70; profundidade cavada, 77; quantidade vivendo dentro de um espaço, 107-8; soterramentos feitos por, 119; submersas na água, 15

minhocas, dejetos das, 8-11, 13-4, 30, 36, 39-42, 46-7, 71-5, 78-9, 81-2, 84, 86-9, 91, 98-101, 103-5, 107, 109-10, 112-9, 121, 124-7, 129-32, 134, 137, 141, 149, 161-4, 166-71, 174-9, 181-4, 187-93, 195, 197-201, 203-6; como torres, em Calcutá, 85; ejetados sobre construções antigas, 168; espessura da camada de terra durante um ano, 114; expelidos durante as secas, 183; expelidos encosta abaixo, 174; levados pelas chuvas, 180; levados pelas monções, 183; torre(s), 30, 75, 76, 81-2, 85, 86, 110, 206, 217n

Mississípi, 158, 204
monções, 88, 110, 183
Moniligaster, 165
Montpellier (França), 217n
Morren, C. F., 17, 30, 38, 166, 216n, 221n

Nancy (França), 9
Natural History and Antiquities of Selborne (White), 16n
Nice (França), 75, 81, 85, 110, 114, 183-4, 190, 217n; dejetos semelhantes a uma torre perto de, 74
Nilguiri, montes, 15, 42, 89, 110, 182; dejetos encontrados nos, 87, 88

nitrificação, 205
Nova Caledônia (arquipélago), 84

origem das espécies, A (Darwin), 208, 213

P. Houlleti, 217n
P. Luzonica, 217n
País de Gales, 14, 157, 195
paladar, 28-9, 166
papel, triângulos de, 42, 60-4, 69, 206
Paris (França), 120
pecíolos, 30, 44-5, 48, 56-9, 61, 66, 68, 185, 206; de *Clematis*, 44, 55-6; dos freixos nativos, 57
pedras: druídicas, 105, 106, 191; estrias glaciais em, 221n
Perichaeta, 30, 75, 85, 86; *affinis*, 217n
período glacial, 188, 221n
Perrier, M., 15, 18-9, 41, 43, 70, 108, 165-6, 215n, 217n
Phlox verna, 28
Pinus sylvestris, 78
Playfair, William, 192
poeira, 117, 129, 155, 166, 203; distância transportada, 158-60
Proctor, Sr., 160n

Quarterly Journal of Geological Society, 219n

Ramsay, Andrew, 129-30; sobre desnudação, 157
Reino Unido, 9, 13, 16n, 17, 49, 54, 84-5, 101, 110, 117, 120, 135-6, 157, 172, 180, 190, 202
Richthofen, 160n
Robinia pseudo-acacia, 59, 65
rochas, desintegração das, 155, 159, 164, 203
rododendro, 51, 64
Roma, 120
Romanes, George John, 68
ruínas, 72, 121, 124, 127, 129, 133-6, 140, 142, 148-51, 154, 193, 204

Sachs, Julius von, 97, 163
saliva, 33-5, 181, 216n
sálvia, 28
Saussure, Henri de, 169
Scott, John, 85-7, 110, 180-1, 184
secreção pancreática, 31, 34, 40
Semper, Georg, 72n
Severn (Reino Unido), 120
Shrewsbury (Reino Unido), 120
Silchester (Hampshire), 148, 153-4; aposentos pavimentados com mosaicos em, *143*; Basílica de, *137, 139, 141*; piso afundado de um corredor pavimentado com mosaicos, *145, 147*; quadra de edifícios no meio de, *140*
sílex, 40, 96-9, 105-7, 109, 142-3, 167, 170, 191, 197-8, 200, 218n; coloidal, 162; pedras de, 164, 218n, 221n
Siquim, montanhas de, 87, 184
sistema nervoso, 20, 23, 70, 211
"Sobre a formação da terra" (Darwin), 8
Sociedade Geológica de Londres, 8
Sorby, sr., 171
soterramento, 91, 118-9, 128, 155
Sphex (vespa), 67
Stonehenge (Reino Unido), 105-7, 129, 196-7; valas circulares perto de, 191
Stradforshire (Reino Unido), 91
Structure and Distribution of Coral Reefs, The (Darwin), 210
Surrey (Reino Unido), 14, 80, 101, 112, 198

Taiti, 84
Teg Down (Reino Unido), 109, 175, 197
terra: "animal", 8; engolida como alimento, 71; fina, 8, 14, 30, 75, 82, 89-90, 96, 101, 104-5, 113, 117, 123-4, 128-9, 135, 146, 149, 154-5, 179, 181, 183, 192, 195, 197, 199, 201, 204-5; quantidade trazida à superfície por minhocas, 90; vegetal, 8, 10, 39-40, 73, 75, 76, 92-3, *94*, 95-100, 102-3, 105, 107, 113-8, 122, 123, 129, 132, 134, 136, 138, 140, 143-4, 148-54, 159-61, 163-4, 167, 169, 174, 180, 187, 190-3, 195-200, 202-3, 205, 207
Thénard, Louis Jacques, 162
Tilia x europaea, 49-50
Tinbergen, Nikolaas "Niko", 211
tomilho, 28
toque, sensibilidade das minhocas ao, 25, 206
Torre de Pisa, 219n
triângulos, 217n
Triticum repens, 32
túmulos antigos, 192-3
Tylor, E., 158, 194, 220n, 222n

uniformitarianismo, 10n, 209
Urochaeta, 84
Uroctea, 35
Urticularia, 77

Venezuela, 84
vento/vendavais, ação do(s), 90, 117, 155, 158, 160, 174, 177, 183, 188-90, 192, 203
vibrações, suscetibilidade das minhocas a, 21, 24-6
Von Haast, J., 100

Wedgwood, Josiah II, 91n
Wedgwood, sr., sobre a submersão de corpos da superfície, 8
Westmoreland (Reino Unido), 188
White, Gilbert, sobre as minhocas deixarem sua galeria à noite, 16
Winchester (Reino Unido), 73, 197-9, 200
Wroxeter (Reino Unido), 150-1

A marca FSC® é a garantia de que a madeira utilizada na fabricação do papel deste livro provém de florestas gerenciadas de maneira ambientalmente correta, socialmente justa e economicamente viável e de outras fontes de origem controlada.

Copyright da tradução © 2025 Editora Fósforo

Todos os direitos reservados. Nenhuma parte desta obra pode ser reproduzida, arquivada ou transmitida de nenhuma forma ou por nenhum meio sem a permissão expressa e por escrito da Editora Fósforo.

Título original: *The Formation of Vegetable Mould, Through the Action of Worms, With Observations on Their Habits*

DIRETORAS EDITORIAIS Fernanda Diamant e Rita Mattar
EDITORES Carlos Tranjan e Eloah Pina
ASSISTENTE EDITORIAL Rodrigo Sampaio
PREPARAÇÃO Ibraíma Dafonte Tavares
REVISÃO TÉCNICA Pedro Paulo Pimenta
REVISÃO Pedro Siqueira e Camila Saraiva
ÍNDICE REMISSIVO Maria Claudia Carvalho Mattos
DIRETORA DE ARTE Julia Monteiro
CAPA Estúdio Arado
ILUSTRAÇÕES Extraídas de Charles Darwin, *The Formation of Vegetable Mould, Through the Action of Worms, With Observations on Their Habits*. Londres: John Murray, 1881
TRATAMENTO DE IMAGENS Adiel Nunes Ferreira
PROJETO GRÁFICO Alles Blau
EDITORAÇÃO ELETRÔNICA Página Viva

CIP-BRASIL. CATALOGAÇÃO NA PUBLICAÇÃO
SINDICATO NACIONAL DOS EDITORES DE LIVROS, RJ

D248f

Darwin, Charles, 1809-1882.
    A formação da terra vegetal pela ação das minhocas, com observações sobre seus hábitos / Charles Darwin ; tradução Sofia Nestrovski ; [posfácio Reinaldo José Lopes]. — 1. ed. — São Paulo : Fósforo, 2025.

Tradução de: The Formation of Vegetable Mould, Through the Action of Worms, With Observations on Their Habits
ISBN: 978-65-6000-119-0

1. Darwin, Charles, 1809-1882. 2. Minhocas. 3. Anelídeo. 4. Solo. I. Nestrovski, Sofia. II. Lopes, Reinaldo José. III. Título.

25-97925.0
CDD: 592.3
CDU: 565.14

Gabriela Faray Ferreira Lopes — Bibliotecária — CRB-7/6643

Editora Fósforo
Rua 24 de Maio, 270/276, 10º andar, salas 1 e 2 — República
01041-001 — São Paulo, SP, Brasil — Tel: (11) 3224.2055
contato@fosforoeditora.com.br / www.fosforoeditora.com.br

Este livro foi composto em GT Alpina e
GT Flexa e impresso pela Ipsis em papel
Golden Paper 80 g/m² para a Editora
Fósforo em junho de 2025.